R SRAVANTHI REDDY

ANÁLISE DE IMAGEM PARA DESNATAÇÃO BASEADA NA VISÃO

R SRAVANTHI REDDY

ANÁLISE DE IMAGEM PARA DESNATAÇÃO BASEADA NA VISÃO

REMOÇÃO DE ERVAS DANINHAS FLUTUANTES EM MASSAS DE ÁGUA INTERIORES

ScienciaScripts

Imprint

Any brand names and product names mentioned in this book are subject to trademark, brand or patent protection and are trademarks or registered trademarks of their respective holders. The use of brand names, product names, common names, trade names, product descriptions etc. even without a particular marking in this work is in no way to be construed to mean that such names may be regarded as unrestricted in respect of trademark and brand protection legislation and could thus be used by anyone.

Cover image: www.ingimage.com

This book is a translation from the original published under ISBN 978-620-7-65411-6.

Publisher:
Sciencia Scripts
is a trademark of
Dodo Books Indian Ocean Ltd. and OmniScriptum S.R.L publishing group

120 High Road, East Finchley, London, N2 9ED, United Kingdom
Str. Armeneasca 28/1, office 1, Chisinau MD-2012, Republic of Moldova, Europe
Printed at: see last page
ISBN: 978-620-7-77541-5

AGRADECIMENTOS

A gratidão assume três formas - "sentimento do coração, uma expressão em palavras e um dar em troca". Aproveito esta oportunidade para expressar os meus sentimentos sinceros.

A satisfação e a euforia que acompanham a conclusão bem sucedida da minha investigação estariam incompletas se não mencionasse os nomes das pessoas que a tornaram possível e cuja orientação e encorajamento serviram de farol e coroaram de êxito os meus esforços. É com imenso prazer que reconheço e expresso a minha mais profunda gratidão a todos os que me ajudaram ao longo da minha investigação.

Na verdade, as palavras de que disponho são inadequadas, tanto na forma como no espírito, para exprimir o profundo sentimento de gratidão e a enorme dívida para com o meu respeitado orientador, **Dr. A S V SARMA**, Professor, Departamento de Engenharia Eletrónica e de Comunicações, PBR Visvodaya Institute of Technology and Science, Kavali, pela sua valiosa e entusiástica orientação, sugestões úteis, paciência infalível, encorajamento e apoio constantes durante os meus estudos de doutoramento. A sua dedicação à profissão e ao trabalho ininterrupto durante longas horas fez-me aprender muito.

G. Ranga Janardhan, Vice-Chanceler, Prof. **C. Sasidhar**, Conservador, Prof. **C Shoba Bindu**, Diretor de Investigação e Desenvolvimento e Diretor de Avaliação e outros funcionários da JNTUA, Ananthapuramu, que me ajudaram a realizar esta tarefa.

Gostaria de expressar os meus sinceros agradecimentos ao **Dr. D. Vishnu Vardhan**, Diretor do Departamento de ECE, ao **Dr. K. Rama Naidu**, Professor, Departamento de ECE, ao **Dr. P. Ramana Reddy**, Professor, Departamento de ECE, e ao **Dr. V. Sumalatha**, Professor, Departamento de ECE, JNTUA, Ananthapuramu, Andhra Pradesh, por terem dado sugestões valiosas durante as revisões periódicas.

Estou grato pelo apoio e ajuda que recebi de **Sri D. Vidyadhara Kumar Reddy**, Presidente, PBRVITS, Kavali, **Dr. D. Prathyusha Reddi**, Diretor Académico, PBRVITS, Kavali, e Sr. **D. Likhith Reddy**, Professor Associado, ECE, PBR VITS, Kavali.

Estou eternamente grata ao meu marido, Sr. **N. Srinadh Reddy**, pelo seu apoio moral e por me ter apoiado durante todo o processo de doutoramento, bem como à minha filha, **Sra. N. Sai Samhita Reddy**, e ao meu filho, Sr. N **D S Manvith Reddy**, pelo seu apoio moral e encorajamento contínuos na realização do meu trabalho de investigação.

Os meus agradecimentos especiais à minha querida sogra **N Rajamma,** aos pais **R V Ramana Reddy & R Lakshmi**, aos membros da família e aos colegas pela sua cooperação contínua e apoio moral.

Por último, apresento os meus sinceros cumprimentos a todos os que, direta ou indiretamente, colaboraram para a realização deste trabalho de investigação e agradeço a Deus todo-poderoso por me ter abençoado para concluir o meu trabalho de investigação.

RAVI SRAVANTHI

RESUMO

A infestação por ervas aquáticas invasoras é um dos principais problemas que se colocam na manutenção das massas de água interiores. Os escumadores de lixo não tripulados podem desempenhar um papel importante na remoção de ervas aquáticas invasoras flutuantes nas massas de água. O funcionamento dos escumadores de lixo não tripulados pode ser automatizado através da utilização de sensores de visão e de técnicas de processamento de imagem ou vídeo baseadas na visão. As etapas típicas de processamento incluem a deteção da região aquática e a deteção de objectos que flutuam na região aquática.

O escumador de lixo com controlo remoto de baixo custo é construído utilizando o microcontrolador Arduino para adquirir o vídeo e as imagens em massas de água interiores. O módulo de comunicação Bluetooth é utilizado para ligar o escumador de lixo telecomandado ao telemóvel. A velocidade e as direcções do skimmer são controladas a partir da aplicação móvel. No escumador de lixo telecomandado, a câmara montada capta o vídeo/as imagens. A imagem é analisada utilizando algoritmos de processamento de imagem e estima-se o estado de carga total do escumador de lixo telecomandado.

Este trabalho também propôs um método modificado para a deteção da região da água utilizando a deteção da linha de água da região céu-água e um novo método para a deteção de objectos flutuantes na região da água, que são adequados para implementação em Skimmers de lixo não tripulados de baixo custo.

A linha do horizonte é detectada utilizando um método de transformação de Hough baseado em arestas e um método de marcha rápida baseado em agrupamentos. Os desvios da linha são examinados e comparados a partir da linha de verdade terrestre com ambos os métodos para diferentes conjuntos de dados. Nas massas de água interiores, o método proposto de marcha rápida baseado em agrupamentos estimou uma linha exacta com menos tempo de processamento.

Os objectos flutuantes na região da água são detectados com elevada precisão e recordação utilizando um algoritmo proposto de processamento de imagem baseado em gradientes, ou seja, o algoritmo de segmentação Paccaud modificado, que calcula o gradiente de intensidade cinzenta utilizando o operador de gradiente central de diferença finita. O algoritmo de segmentação Paccaud é considerado um algoritmo existente baseado em arestas para detetar objectos, que utiliza o operador de gradiente

Sobel. As métricas de desempenho são calculadas e comparadas com ambos os algoritmos para diferentes conjuntos de dados.

Entre os objectos detectados, as ervas daninhas flutuantes de cor verde são identificadas com base na sua cor verde e a percentagem de cobertura de ervas daninhas na imagem é também calculada. As experiências são efectuadas utilizando diferentes conjuntos de dados que contêm plantas que flutuam livremente, pequenos aglomerados de plantas e aves. O processador Raspberry Pi 3 Model-B é utilizado para implementar o algoritmo proposto de cálculo da cobertura de ervas daninhas. As métricas de desempenho calculadas mostram que a abordagem de deteção proposta é eficaz, mais precisa e adequada em massas de água interiores.

PREFÁCIO

Uma massa de água interior do tipo armazenamento totalmente infestada, como uma albufeira, um lago ou uma lagoa, pode apresentar poluição de superfície constituída por aglomerados de ervas daninhas que flutuam livremente, bem como por tapetes espessos de ervas daninhas crescidas. A limpeza da poluição da superfície requer idealmente um escumador de lixo totalmente autónomo com capacidades para detetar a presença e encontrar a localização física de aglomerados de ervas daninhas flutuantes nas proximidades, recolher os aglomerados de ervas daninhas utilizando o corte de ervas daninhas emaranhadas, se necessário, mover o escumador para perto do aglomerado, recolher o aglomerado e mover as ervas daninhas recolhidas para a margem.

Em alternativa, os tapetes espessos de ervas daninhas devem ser cortados e separados em aglomerados de ervas daninhas de menor dimensão e que flutuem livremente, utilizando uma máquina de cortar ervas daninhas adequada para facilitar a recolha. Os aglomerados de ervas daninhas flutuantes resultantes podem ser recolhidos com escumadeiras de lixo totalmente autónomas. Os escumadores de lixo devem ser de baixo custo, utilizando hardware e software de código aberto. O escumador de lixo com visão consiste num escumador de lixo ligado a um sensor de visão com capacidade para captar imagens de vídeo individuais e analisá-las para extrair a informação desejada. Nestas condições, o fornecimento de informações visuais do meio envolvente ao escumador de lixo tornará as suas operações mais cómodas, precisas e melhorará o seu desempenho global.

A presente tese centra-se na melhoria do desempenho das etapas de processamento de imagem, nomeadamente as técnicas de deteção de linhas de horizonte para segmentar regiões aquáticas, o algoritmo de deteção de objectos para segmentar objectos flutuantes na superfície da água e o algoritmo de deteção de bordos baseado na cor para estimar as ervas daninhas de cor verde em massas de água interiores.

Em primeiro lugar, o escumador de lixo controlado à distância é concebido e implementado utilizando o microcontrolador Arduino. Em segundo lugar, o algoritmo de deteção de linhas de horizonte irregulares é proposto para separar a região da água das regiões da terra e do céu com menos erros de desvio de linha. Depois, na região da água, os objectos são detectados com precisão pelo algoritmo de segmentação proposto, que identifica os objectos como ervas daninhas, aves e pequenos barcos, etc., na superfície da água. Além disso, a erva daninha de cor verde é segmentada de outros objectos para recolher a erva daninha do escumador de lixo baseado em visão de baixo custo com o algoritmo proposto. Este algoritmo é implementado com o processador Raspberry pi para estimar a percentagem de ervas daninhas para a navegação automática do skimmer.

ÍNDICE DE CONTEÚDOS

LISTA DE ABREVIATURAS

AC	---	Alternating Current
ARROS	---	Algal Bloom Removal Robotic System
ASV	---	Autonomous Surface Vehicle
BG	---	Background
BLDC	---	Brushless DC electric Motors
CBFM	---	Clustering -Based Fast Marching
CFS	---	Coarse Fine Stitched
CNN	---	Convolutional Neural Network
CPU	---	Central processing unit
DC	---	Direct Current
DOF	---	Degree of freedom
DS	---	DataSet
EBHT	---	Edge -Based Hough Transform
ECM	---	Electronically Commutated Motors
ESC	---	Electronic Speed Control
FG	---	Foreground
FHSS	---	Frequency Hopping Spread Spectrum
FM	---	F-Measure
FN	---	False Negative
FNR	---	False Negative Rate
FOV	---	Field-Of-View
FP	---	False Positive
FPR	---	False Positive Rate
FPS	---	Frames Per Second
GAP	---	Ganga Action Planning
GLCM	---	Greay Level Co-Occurance Matrix
GMM	---	Gaussian Mixture model
GNC	---	Guidance-Navigation-Control

GPS	---	Global Positioning system
GPU	---	Graphics processing unit,
GT	---	Ground truth
HAB	---	Harmful Algal Bloom
HD	---	High Definition
HSV	---	Hue Saturation Value
HT	---	Hough Transform
LBP	---	Local Binary Pattern
LDE	---	Line Detection Error
LED	---	Light Emitting Diodes
LIDAR	---	Light Imaging Detection And Ranging
Li-ion	---	Lithium-ion
LSD	---	Line Segment Detector
MAP	---	Mean Average Precision
MATLAB	---	matrix laboratory.
mIoU	---	Mean Intersection of Union
ML	---	Machine Learning
MODD	---	Marine Obstacle Detection Dataset
MODIS	---	Moderate Resolution Imaging Spectroradiometer
MP	---	Mega Pixel
MPSA	---	Modified Paccaud Segmentation Algorithm
MRF	---	Markov Random Field
Open CV	---	Open Source Computer Vision Library
OSF	---	Open Science Framework
PAN	---	Personnel Area Network
PC	---	Personal Computer
PRE	---	Precision
PSA	---	Paccaud Segmentation Algorithm
PVC	---	PolyVinyl Chloride

PWC	---	Percenntage of Wrong Classification
RADAR	---	Radio Detection And Ranging
RANSAC	---	RANdom SAmple Consensus
RCSV	---	Remote Controlled Surface Vehicle
RCTS	---	Remote Controlled Trash Skimmer
REC	---	Recall
RGB	---	Red Green Blue
ROI	---	Region-Of-Interest
RPM	---	Rotations Per Minute
SD	---	Standard Deviation
SONAR	---	Sound Navigation And Ranging
SP	---	Specificity
SSL	---	Sea Sky Line
TN	---	True Negative
TP	---	True Positive
TS	---	Trash Skimmer
UAV	---	Unmanned Aerial Vehicle
UGV	---	Unmanned Ground Vehicle
USART	---	Universal Synchronous-Asynchronous Receiver-Transmitter
USB	---	Universal Serial Bus
USV	---	Unmanned Surface Vehicle
Water Line	---	WL
WSL	---	Water Shore Line

CAPÍTULO-1
INTRODUÇÃO

1.1 As massas de água interiores e o seu significado

As massas de água interiores incluem massas de água em movimento, como canais e rios, e massas de água paradas, como lagos e lagoas. Desempenham um papel importante nas nossas vidas, uma vez que fornecem água para consumo humano, uso doméstico, uso industrial, uso agrícola, uso pesqueiro, permitem a produção de energia hidroelétrica, transporte de superfície e funcionam como local para desportos aquáticos, actividades recreativas aquáticas e actividades religiosas.

1.2 Contaminantes flutuantes ou poluentes de superfície

No entanto, hoje em dia, estas massas de água estão a ser afectadas pela infestação de infestantes aquáticas invasoras e pela recolha de resíduos inorgânicos e não vegetais. O crescimento excessivo de ervas invasoras resulta da disseminação natural de ervas invasoras de crescimento rápido na massa de água e da disponibilidade de quantidades suficientes de nutrientes na água. Os nutrientes químicos acumulam-se devido ao afluxo de efluentes não tratados provenientes das localidades residenciais vizinhas, das indústrias e dos campos agrícolas da zona de captação[1].

Os resíduos inorgânicos e não vegetais fluem para a massa de água através das águas pluviais que transbordam das localidades residenciais e comerciais vizinhas na área de captação. As ervas daninhas invasoras, o lixo e os detritos que flutuam na superfície da água constituem a poluição superficial da massa de água.

Na Índia, das 140 ervas daninhas aquáticas, as principais são Eichhornia crassipes (jacinto de água), Salvinia molesta (erva daninha kariba), Nymphaea stellata (nenúfar azul da Índia), Neumbo nucifera (lótus sagrado), Hydrilla verticillata (tomilho de água), Vallisneria spiralis (erva-enguia), Typha angustata (junco menor) e Nitella (algas), Lemna spp.(lentilha d'água comum)[2].

O jacinto de água é uma importante erva daninha aquática que afecta as massas de água interiores na Índia. É uma planta aquática perene que flutua livremente e que se reproduz por crescimento vegetativo através de estolhos, germinação de sementes e crescimento assexuado a partir de fragmentos de plantas deixados pelo equipamento de remoção de ervas daninhas. É uma das plantas de crescimento mais rápido jamais descobertas, podendo duplicar de tamanho em apenas duas semanas. Inicialmente, as

11

plantas jovens flutuam livremente na água, mas à medida que amadurecem, entrelaçam-se frequentemente com as plantas vizinhas para produzir tapetes densos que cobrem uma área considerável [3].

De acordo com o seu habitat e características morfológicas [4], as infestantes aquáticas podem ser classificadas em

a)   Ervas daninhas aquáticas

   ➢   Ervas daninhas superficiais/flutuantes

   ➢   Ervas daninhas submersas/ervas daninhas enraizadas

   ➢   Ervas daninhas emergidas

   ➢   Ervas daninhas dispersas

b)   Ervas daninhas das valas e da orla costeira

c)   Ervas daninhas das margens

d)   Pântanos e ervas daninhas dos pântanos.

As ervas daninhas superficiais/flutuantes, dependendo da sua fase de crescimento, podem estar disponíveis em diferentes formas[5], tais como plantas isoladas ou grupos de plantas, plantas emaranhadas ou entrelaçadas em grandes áreas com diferentes espessuras de tapete. Na Fig. 1.1 são apresentadas diferentes espécies de ervas daninhas flutuantes: a) Azolla, b) Lentilha-d'água, c) Salvínia, d) Jacinto-de-água.

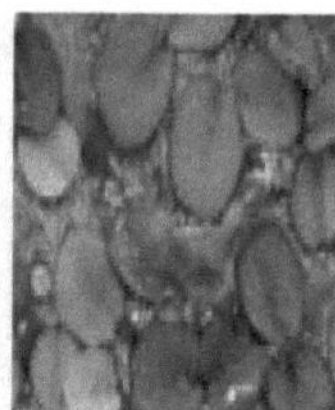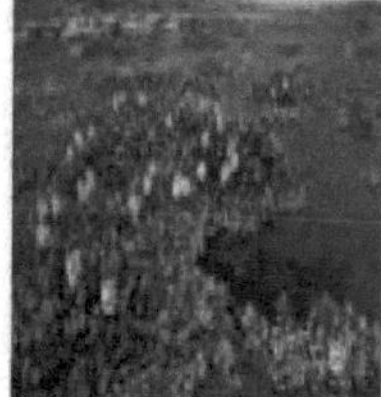

Fig 1.1: Espécies diferentes de ervas daninhas flutuantes: Azolla, lentilha-d'água, Salvinia, jacinto-de-água

A superfície da água das massas de água interiores infestadas apresenta normalmente uma variedade de objectos flutuantes, tais como diversas variedades de infestantes, infestantes invasivas isoladas ou emaranhadas, nadadores, embarcações em movimento e aves a nadar, como patos, cisnes, etc. A infestação com infestantes flutuantes invasoras restringe severamente a utilidade das massas de água para o uso a que se destinam.

A solução a longo prazo para o problema da poluição de superfície reside no bloqueio total da entrada de nutrientes, lixo e detritos na massa de água através da aplicação rigorosa de medidas regulamentares adequadas. Embora as medidas regulamentares possam demorar algum tempo a tornar-se efectivas, a manutenção da limpeza das massas de água é uma exigência imediata.

Nas massas de água correntes, a água corrente não permite a propagação de infestantes invasivas e transporta as infestantes e os detritos para o mar. Estas ervas daninhas e detritos podem ser recolhidos utilizando barreiras flutuantes temporárias, tais como barreiras, colocadas ao longo do fluxo de água e utilizando escumadeiras móveis equipadas com mecanismos de recolha adequados.

Nas massas de água estacionárias, as ervas invasoras continuam a crescer e os detritos vão-se acumulando ao longo do tempo. Neste caso, tanto as ervas daninhas flutuantes como os detritos têm de ser removidos utilizando escumadeiras móveis com mecanismos de recolha adequados.

A remoção de ervas daninhas invasoras flutuantes, como o jacinto de água, torna-se um grande desafio, devido ao seu rápido crescimento.

1.3 Efeito das ervas daninhas e detritos flutuantes

A infestação por infestantes invasoras flutuantes restringe seriamente a utilidade das massas de água para o uso a que se destinam. Em particular, a presença de infestantes aquáticas invasoras do tipo flutuante e de resíduos não vegetais do tipo flutuante cria grandes problemas em termos de estética e das funcionalidades pretendidas [6]. A contaminação das águas superficiais é um problema significativo para as autoridades municipais. Pode levar à poluição em grande escala e ser uma causa de doenças graves nos seres humanos.

Os nutrientes, as bactérias, os materiais plásticos e os produtos químicos, incluindo os antibióticos, os metais pesados e os pesticidas, estão frequentemente na origem da contaminação das águas superficiais. Estes contaminantes afectam o ambiente aquático. Grandes quantidades de nutrientes provocam a proliferação de algas (hipóxia e toxicidade) em massas de água interiores e ambientes marinhos. Os agentes patogénicos são perigosos para a saúde das pessoas, sendo possíveis os impactos tóxicos da contaminação química.

Os contaminantes múltiplos têm frequentemente efeitos combinados nocivos nas águas de superfície. Os problemas das infestantes da água [3] são os seguintes,

1. Prejudicar a navegação

2. A qualidade da água está a diminuir e a piorar

3. Imparidade da produção de energia hidroelétrica

4. Aumentar a gravidade e a frequência das inundações

5. Diminuir a variedade de espécies

6. Paraíso para os insectos transmissores de doenças

7. Interferir com a natação segura

8. Interferir na pesca

9. Reduz a capacidade de armazenamento de água dos reservatórios

10. Impede o fluxo de água

11. Reduzir a produção de peixe

12. Restrição do crescimento dos peixes

1.4 Métodos de controlo de ervas daninhas

O controlo ou a remoção de ervas daninhas flutuantes invasivas, como o jacinto-de-água, está a ser tentado principalmente através de três métodos [6][7], nomeadamente

a) Métodos físicos

> Manual

> Mecânica

b) Métodos químicos

c) Métodos biológicos.

Os métodos físicos envolvem a remoção física das ervas daninhas da massa de água e incluem métodos manuais e mecânicos [8].

O método manual, como mostra a Fig. 1.2, implica a utilização de trabalho manual para recolher as ervas daninhas à mão, utilizando ferramentas manuais, alfaias adequadas e barcos [7,8].

A abordagem mecânica utiliza tecnologias aquáticas ou terrestres, tais como ceifeiras aquáticas, dragas ou trituradores de vegetação. A maquinaria terrestre inclui guindastes de balde, linhas de arrasto e vassouras. Colheitadeiras de remoção de ervas daninhas mostradas na Fig 1.3 que limpam o lago Bellandur em Bangalore.

Fig 1.2: Método manual - Gestão preventiva do jacinto de água

Fig 1.3: Método mecânico - Remoção de ervas daninhas - limpeza com
ceifeiras

Lago Bellandur em Bangalore

Os métodos químicos [9][10] utilizam diferentes tipos de herbicidas (Praquat, glifosato, MSM) para controlar determinadas ervas daninhas visadas, como se mostra na Fig. 1.4. Os métodos químicos têm como desvantagens a necessidade de uma escolha cuidadosa do herbicida e da sua aplicação, a incerteza na área afetada, o efeito em espécies não visadas e o efeito na qualidade da água.

Fig. 1.4: Método químico: Pulverização de herbicida na erva daninha.

Os métodos biológicos [11] envolvem a utilização de agentes patogénicos, insectos, caracóis, peixes, mamíferos aquáticos e roedores especificamente escolhidos para controlar as ervas daninhas visadas. O bio-agente Grass-carp contra pequenas ervas daninhas flutuantes é mostrado na Fig 1.5.

Fig. 1.5: Método biológico - a) canal obstruído por salvínia

b) Libertação do bioagente de gramíneas-carpa c) Água límpida resultante

A remoção física das infestantes aquáticas por máquinas favorece frequentemente a sua disseminação para novos locais, a remoção física repetitiva deteriora a massa de água dos seus nutrientes, reduzindo o crescimento dos plânctons, e depende também da mão de obra humana. Entre os métodos acima mencionados, a remoção física oferece algumas vantagens únicas, tais como o facto de ser um método tradicional e de não conter resíduos de problemas de poluição.

Os métodos mecânicos utilizam várias máquinas designadas por ceifeiras e escumadeiras. As ceifeiras mecânicas são uma tecnologia centenária que ainda hoje é utilizada para cortar e recolher a vegetação aquática e os detritos sedimentares que entulham uma massa de água. Estas ceifeiras são utilizadas para recolher fisicamente objectos flutuantes da superfície da água. Os métodos mecânicos podem tornar-se mais atractivos se o custo da maquinaria e o custo das operações forem reduzidos e se a velocidade e o desempenho forem melhorados.

As massas de água do tipo armazenamento tendem a desenvolver infestação de ervas aquáticas, que podem ser do tipo flutuante, enraizado flutuante, emergente ou submersível. As massas de água do tipo armazenamento são afectadas pela infestação (geralmente poluída pelo escoamento agrícola) de ervas aquáticas invasoras, ramos de árvores mortos, peixes mortos e folhas de árvores secas. As infestações por infestantes aquáticas invasoras são graves nas massas de água do tipo armazenamento, em que a água está parada, como as albufeiras e os lagos, e em certas massas de água do tipo corrente, em que a água flui muito lentamente, como os canais de irrigação.

Uma massa de água interior fortemente infestada é normalmente eliminada da infestação através de um procedimento de "limpeza inicial" que envolve uma combinação de métodos de controlo básicos. No entanto, as infestantes podem voltar a crescer com o tempo e infestar totalmente a massa de água. Esta reinfestação pode ser controlada dentro de limites aceitáveis utilizando o "controlo de manutenção" ou métodos de limpeza subsequentes que envolvam uma combinação de métodos mecânicos e químicos. Tendo em conta o rápido crescimento das infestantes invasoras, o método de "controlo de manutenção" desempenha um papel fundamental na manutenção da limpeza das massas de água a longo prazo. É de notar que, durante a fase de recrescimento, as infestantes estarão disponíveis sob a forma de plantas individuais que flutuam livremente ou de pequenos grupos de plantas.

Como já foi referido, uma massa de água fortemente infestada é limpa através de um procedimento de limpeza inicial. O recrescimento das infestantes é controlado através de procedimentos de controlo de manutenção ou de limpeza subsequente. Durante a fase de recrescimento, a massa de água apresenta as infestantes sob a forma de plantas individuais que flutuam livremente e de pequenos grupos de plantas. Durante a limpeza inicial, podem ser utilizadas máquinas pesadas, como ceifeiras e cortadores de ervas daninhas. Por outro lado, as escumadeiras de baixa a média capacidade são as mais adequadas para efetuar operações de controlo de manutenção ou de limpeza posterior.

1.5 Skimmers de lixo para massas de água interiores

A limpeza da superfície da água, através da recolha e remoção de ervas invasoras e materiais flutuantes, constitui uma operação importante na manutenção global das massas de água interiores. As máquinas utilizadas para a limpeza da superfície da água são geralmente designadas por diferentes nomes, como escumadeiras de superfície, escumadeiras de lixo ou colectores de detritos. Os escumadores de lixo são estruturas do tipo barco flutuante equipadas com equipamento de navegação e mecanismos de corte e recolha de ervas daninhas. Os escumadores de lixo têm de ser equipados com capacidades de visão baseadas em câmaras, como a videografia para captar os pormenores visuais e a videometria para fazer medições físicas do meio envolvente.

A estrutura básica do escumador de lixo é constituída por uma plataforma flutuante, uma fonte de energia (motor diesel/baterias recarregáveis), navegação (manual/remota), propulsão (motores de corrente contínua) e mecanismo de recolha de ervas daninhas. O mecanismo de recolha de ervas daninhas está localizado na parte da frente da máquina. A máquina move-se para a frente, encontra as ervas daninhas flutuantes e recolhe-as. Algumas máquinas utilizam um transportador rotativo ascendente que levanta as ervas daninhas da água e as move para cima, para um contentor de recolha elevado. Outras máquinas deslocam-se para as ervas daninhas flutuantes e recolhem-nas em condições de flutuação para um cesto de recolha de rede metálica parcialmente submerso, situado na parte inferior da máquina. Algumas das máquinas comerciais são concebidas para realizar várias tarefas utilizando o sistema multipod, incluindo a recolha de ervas daninhas.

1.6 Classificação dos escumadores de lixo

Os escumadores de lixo são construídos em torno da estrutura básica do veículo de superfície. Existem várias máquinas de escumadeira de lixo [12] disponíveis no mercado, incluindo

i. Sistema automático de remoção de lixo - fabricado na Índia - Escumadeira de lixo de base solar utilizada nos canais e massas de água locais [13].

ii. Sistema de roda de água com base em energia solar - fabricado nos EUA - é alimentado pela captação da energia da corrente do rio. Foram utilizados transportadores para recolher uma variedade de detritos no porto interior de Baltimore [14].

iii. Tubarão-lixo fabricado pela Ran Marine Technology, Países Baixos - A Autoridade do Porto de Roterdão, nos Países Baixos, irá monitorizar os mares de Roterdão até ao final do ano com a ajuda de quatro protótipos de tubarões-lixo fornecidos pela Hardiman. Os tubarões, que se assemelham a carros de passageiros em tamanho, têm uma "boca" de 14 polegadas que se projecta abaixo da superfície da água, onde armazenam os detritos. Podem patrulhar o lixo sete dias por semana, vinte e quatro horas por dia, porque são auto-suficientes. [15].

iv. SeaVax - fabricado no Reino Unido - É um robot que percorre grandes distâncias para procurar detritos marinhos. O giro de plástico conhecido é guiado por comando remoto e depois recolhido [16].

v. Catamarã Buddy - fabricado por Water Witch, Reino Unido (UK) - Para a limpeza de detritos marinhos e manutenção de cursos de água, especialmente marinas e portos, foi desenvolvido [17].

vi. Skimmer de lixo - fabricado por Aquarius Systems, Nova Iorque - É um barco skimmer com um design de perfil baixo para passar por baixo de obstruções mais baixas que é utilizado para limpar o lixo da superfície de água doce e salgada. capaz de utilizar o transportador frontal para recolher tanto mercadorias grandes como pequenas [18].

vii. Skimmer de lixo flutuante - fabricado na Índia - este barco é utilizado para remover ervas daninhas e lixo aquático [19].

viii. TrashCat - fabricado na Malásia - os resíduos e detritos flutuantes do rio Klang são removidos com este barco escumador [20].

ix. Harvester - fabricado na Tailândia - No rio Chao Phraya, um barco skimmer é utilizado para recolher o lixo, constituído principalmente por ervas aquáticas e outros detritos [21].

x. Barco skimmer - fabricado nas Filipinas - Na baía de Manila, um barco semi-automatizado recolhe o lixo da superfície da água[22].

xi. Robô do lixo - fabricado em Chicago- Tanto a computação autónoma como a computação baseada no ser humano foram as utilizações previstas para este robô. Também pode ser operado utilizando um navegador Web com uma câmara integrada que permite aos utilizadores saberem as suas direcções [23].

xii. Ro-boat - fabricado na Índia - Este robot foi concebido especificamente para os rios Ganga e Yamuna. Este robô identifica os poluentes na água, incluindo metais, plásticos e produtos químicos, e submerge-se completamente na água para recolher o lixo do leito do rio. [24].

Os protótipos comerciais e laboratoriais de escumadeiras de lixo podem ser descritos nas categorias tripulado e não tripulado.

1.6.1 Skimmers de lixo tripulados

As escumadeiras tripuladas são controladas por operadores humanos sentados no interior das máquinas, como mostra a Fig. 1.6. A maior parte das máquinas comerciais pertence à categoria dos escumadores tripulados. Estas máquinas são normalmente alimentadas por combustíveis orgânicos, como o gasóleo/gasolina. As massas de água muito infestadas são normalmente limpas com recurso a maquinaria pesada.

O jacinto tende a regenerar-se muito rapidamente através da germinação de sementes, do crescimento vegetativo a partir de fragmentos de plantas deixados para trás e de aglomerados emaranhados. A limpeza sistemática de acompanhamento, envolvendo a remoção de plantas que voltam a crescer, pode controlar significativamente a reinfestação de ervas daninhas. No entanto, esta limpeza de acompanhamento é bastante fastidiosa, difícil e pouco fiável com trabalho manual e bastante pouco económica com maquinaria.

Uma máquina automática de baixo custo para a limpeza de acompanhamento será muito útil para os esforços de controlo.

Fig 1.6: Skimmers de lixo tripulados

1.6.2 Skimmers de lixo não tripulados

O escumador de lixo não tripulado baseia-se na estrutura de um veículo de superfície não tripulado (USV) [25][26]. Os escumadores de lixo não tripulados, ao retirarem o elemento humano das operações, oferecem várias vantagens, tais como maior segurança, poupança de custos operacionais, operação com baixo ruído, redução da pegada de carbono, etc.

Os skimmers de lixo não tripulados podem funcionar com vários níveis de autonomia, nomeadamente

a)   Escumadeiras de lixo com controlo remoto

b)   Escumadeiras de lixo parcialmente autónomas e

c)   Escumadeiras de lixo totalmente autónomas

(a) *Skimmers de lixo com controlo remoto*

O escumador de lixo telecomandado baseia-se na estrutura do veículo de superfície telecomandado (RCSV), como mostra a Fig. 1.7. Geralmente, os escumadores de lixo destinam-se a recolher materiais flutuantes e a transportá-los para a margem. Os escumadores de lixo telecomandados são operados/controlados à distância por operadores humanos, ou seja, por um operador localizado em terra ou a bordo de outro veículo [27][28].

Os skimmers são controlados pelo operador através de uma ligação de comunicação sem fios. Estão disponíveis comercialmente alguns escumadores de lixo com controlo remoto. A literatura refere vários protótipos de escumadores de lixo telecomandados para a recolha de ervas daninhas flutuantes. A utilização de sensores adequados no escumador e a apresentação dos resultados sensoriais no ecrã do operador permitem-lhe recolher informações sobre o ambiente que rodeia o escumador. A utilização de um sensor GPS fornece a informação sobre a localização do escumador. A utilização de uma câmara de vídeo permite ao operador ver o vídeo dos arredores do skimmer captado pela câmara de vídeo em direto no ecrã do seu monitor remoto e navegar o veículo em conformidade. A literatura refere um menor número de protótipos de investigação de escumadeiras de lixo telecomandadas baseadas na visão, que utilizam sensores de visão, como câmaras, para recolher informações visuais sobre o ambiente que as rodeia.

Estes skimmers oferecem as vantagens de uma maior segurança do operador, comodidade, redução do tamanho e do peso do veículo e operações com menos emissões. Por outro lado, estes skimmers sofrem de várias limitações. Normalmente, a distância máxima de operação dos skimmers de lixo com controlo remoto é limitada pelo limite de visibilidade do operador e pelo alcance das comunicações sem fios. Além disso, a presença de diversos tipos de objectos flutuantes no cenário criará problemas na avaliação do ambiente do veículo à distância pelo operador.

As operações requerem a atenção a tempo inteiro do operador. Assim, a operação dos escumadores de lixo telecomandados nas massas de água interiores será um grande desafio. O coletor de lixo flutuante da Fig. 1.7 destina-se a remover detritos e, consequentemente, a manter a superfície da água limpa e a reduzir a poluição superficial. É movido corretamente porque é controlado à distância. O controlo da direção é assegurado por bombas de corrente contínua, enquanto a direção é assegurada por uma configuração de servomotor. Uma rede de arame é utilizada para a recolha de lixo e dois painéis solares são adicionados para carregar as baterias   .

Fig 1.7: Escumadeira com controlo remoto - Coletor de lixo de água movido a energia solar - Robô de limpeza de lagos e piscinas

(b) _Skimmers de lixo parcialmente autónomos_

Os skimmers de lixo parcialmente autónomos executam algumas das suas operações de forma autónoma, com base em informações do operador e com a ajuda de sensores de bordo adequados. Foi utilizada uma câmara de vídeo para apresentar em direto o vídeo capturado dos arredores do skimmer [30]. Um sensor GPS foi utilizado para fornecer diferentes funcionalidades de navegação baseadas no GPS, tais como a navegação por pontos de passagem e operações de segurança por defeito [31][32]. A funcionalidade de navegação por pontos de passagem permitiu a navegação ao longo de pontos de passagem especificados pelo utilizador. As operações de segurança predefinidas incluíam operações como o regresso automático ao domicílio [33]. Foi prevista a possibilidade de anular as operações autónomas utilizando controlos manuais, por razões de segurança [34].

Na Fig. 1.8, com a ajuda do WaterShark, o empregado pode deitar fora o lixo enquanto está sentado na margem de um rio. A remoção do lixo é invisível à distância. Para filmar em barcos, foram instaladas câmaras. O WaterShark recolhe objectos flutuantes como plásticos, plantas, flores, grinaldas e termocol [15].

23

Fig 1.8: Skimmers de lixo parcialmente autónomos - barco drone WaterShark a ser utilizado para limpar os rios Pavana e Indrayani

(c) *Skimmers autónomos para lixo*

Os skimmers de lixo autónomos baseiam-se na estrutura do Veículo de Superfície Autónomo (ASV), como na Fig. 1.9. Os skimmers de lixo autónomos funcionam de forma autónoma. Os escumadores de lixo totalmente autónomos podem utilizar diferentes sensores para recolher informações sobre o meio envolvente, analisar as informações e utilizar a inteligência artificial para tomar decisões de navegação e outras. Atualmente, os escumadores de lixo autónomos estão a ser utilizados em diferentes aplicações aquáticas para monitorizar vários parâmetros, como a qualidade e a profundidade da água. No entanto, os escumadores de lixo autónomos para a deteção e recolha de ervas daninhas flutuantes invasoras em massas de água têm sido menos relatados na literatura. Foi utilizada uma câmara de vídeo num skimmer de monitorização da água para detetar e evitar objectos/obstáculos durante a navegação [35].

Fig 1.9: Escumadeiras autónomas - identificação de plantas aquáticas invasoras no subsolo

1.7 Escumadeira de lixo em massas de água interiores

Uma massa de água interior do tipo armazenamento totalmente infestada, como uma albufeira, um lago ou uma lagoa, pode apresentar poluição de superfície constituída por aglomerados de ervas daninhas que flutuam livremente, bem como por tapetes espessos de ervas daninhas crescidas. A limpeza da poluição da superfície requer idealmente um escumador de lixo totalmente autónomo com capacidades para detetar a presença e encontrar a localização física de aglomerados de ervas daninhas flutuantes nas proximidades, recolher os aglomerados de ervas daninhas utilizando o corte de ervas daninhas emaranhadas, se necessário, mover o escumador para perto do aglomerado, recolher o aglomerado e mover as ervas daninhas recolhidas para a margem.

Em alternativa, os tapetes espessos de ervas daninhas devem ser cortados e separados em aglomerados de ervas daninhas de menor dimensão e que flutuem livremente, utilizando uma máquina de cortar ervas daninhas adequada para facilitar a recolha. Os aglomerados de ervas daninhas flutuantes resultantes podem ser recolhidos com escumadeiras de lixo totalmente autónomas. Os escumadores de lixo devem ser de baixo custo, utilizando hardware e software de código aberto. Os escumadores de lixo devem ser preferencialmente utilizados em múltiplos e operados em modo de enxame, com coordenação total entre as múltiplas máquinas.

Um escumador de lixo totalmente autónomo pode ser realizado adicionando as funcionalidades necessárias, como o corte de ervas daninhas, a navegação baseada em GPS, a **captura e análise de vídeo** e a tomada de decisões baseada em inteligência artificial, a um escumador de lixo parcialmente autónomo, de forma incremental. **A presente tese descreve o desenvolvimento de algoritmos melhorados de análise de imagem adequados para inclusão na operação de captura e análise de vídeo.**

1.8 Proposta de Skimmers de Lixo com Visão

Os skimmers de lixo com visão são propostos para satisfazer os desafios acima referidos. O escumador de lixo com visão consiste num escumador de lixo ligado a um sensor de visão com capacidade para captar imagens de vídeo individuais e analisá-las para extrair a informação desejada. Nestas condições, o fornecimento de informações visuais do ambiente ao escumador de lixo tornará as suas operações mais cómodas, precisas e melhorará o seu desempenho global.

A inteligência visual e a consciência do meio envolvente melhorarão consideravelmente o desempenho das operações, tais como a deteção de objectos, o desvio de obstáculos, a recolha de objectos, as medições dimensionais dos objectos de imagem e o transporte dos objectos recolhidos para o banco.

O escumador de lixo com visão navega sobre a massa de água, grava em vídeo a região da superfície situada no seu percurso de navegação, analisa os fotogramas de vídeo, detecta e reconhece os objectos no fotograma e efectua as operações de recolha adequadas.

Os escumadores de lixo com visão, a utilizar na limpeza de superfícies, são necessários para avaliar visualmente as ervas daninhas aquáticas flutuantes invasivas nas massas de água interiores. As informações necessárias podem ser a presença ou ausência de plantas e de aglomerados de plantas, o seu tamanho físico, a sua localização física em relação ao escumador de lixo e a sua aptidão para a recolha utilizando transportadores de movimento ascendente e a recolha com/sem utilização de cortadores de ervas daninhas.

Estas exigências podem ser satisfeitas recorrendo à videografia para obter informações visuais e à videometria para obter as dimensões físicas do meio envolvente. Os skimmers de lixo parcialmente autónomos flutuam sobre a superfície da água e efectuam os ciclos de recolha que incluem uma sequência de operações tais como

(i) aproximando-se das ervas daninhas flutuantes,

(ii) captura de um quadro de vídeo individual,

(iii) extração da região da água no quadro de vídeo,

(iv) deteção de objectos flutuantes na região da água,

(v) classificação dos objectos flutuantes em duas categorias, nomeadamente objectos de coleção e objectos não de coleção,

(vi) encontrar a localização física do objeto flutuante colecionável mais próximo,

(vii) recolher o objeto selecionado, efectuando as operações de navegação adequadas, e repetir os passos ii) a vii). O ciclo de recolha que inclui as etapas (ii) a (vii) repete-se até que o skimmer atinja o seu limite de armazenamento de ervas daninhas recolhidas ou até que as ervas daninhas recolhidas se esgotem. No ciclo de recolha de ervas daninhas acima descrito, os passos de processamento de imagem (ii) a (v) desempenham um papel importante na determinação do desempenho da recolha global de ervas daninhas do escumador de lixo.

Tendo em conta o que precede, a presente tese centra-se na melhoria do desempenho das etapas de processamento da imagem, nomeadamente as técnicas de deteção da linha do horizonte para segmentar as regiões aquáticas, o algoritmo de deteção de objectos para segmentar os objectos flutuantes na superfície da água e o algoritmo de deteção de bordos baseado na cor para estimar as ervas daninhas de cor verde.

1.9 Recolha de informações de vídeo

Um escumador de lixo pode recolher as informações visuais relativas ao seu ambiente utilizando câmaras de visão em diferentes configurações alternativas. Uma única câmara de visão frontal, de preferência montada no centro ou na parte da frente do escumador de lixo, pode ser utilizada para recolher informações visuais sobre os objectos que surgem no percurso de navegação do escumador de lixo.

As características de panorâmica, inclinação e zoom oferecidas pelas câmaras PTZ podem ser utilizadas para recolher informações adicionais sobre o ambiente circundante. Podem ser utilizadas câmaras duplas ou câmaras estéreo para obter informações visuais em 3-D dos objectos e obstáculos. Podem ser montadas câmaras adicionais nos lados e na parte de trás do escumador de lixo para recolher mais informações visuais sobre o ambiente.

A informação visual será útil para aumentar o nível de autonomia. A informação visual recolhida pelas câmaras de vídeo pode ser utilizada de diferentes formas.

a) Modo de controlo remoto com transmissão de vídeo em direto

Na forma mais simples, o operador pode ver o vídeo captado pela câmara de vídeo em direto no ecrã do seu monitor remoto e navegar no veículo em conformidade.

b) Modo semi-automatizado

O escumador de lixo pode funcionar em modo semi-automatizado e oferecer funcionalidades como

(i) visualização em direto do vídeo captado e dos resultados da análise,

(ii) permitir a navegação ao longo de pontos de passagem especificados pelo utilizador, e

(iii) implementar várias operações de segurança por defeito.

c) Modo autónomo

O escumador de lixo capta e analisa o vídeo e toma as suas próprias decisões de navegação.

1.10 Arquitetura fundamental do escumador de lixo com visão

A arquitetura fundamental de um típico sistema de recolha de lixo com visão é apresentada na Fig. 1.10. Os elementos básicos do sistema de recolha de lixo com visão são os seguintes

a) *Conceção do casco*

As quatro concepções diferentes de cascos são os insufláveis rígidos, os caiaques de casco simples, os catamarãs de casco duplo e os trimarãs de casco triplo. Estes modelos são preferidos devido à simplicidade da sua instalação, à carga útil que podem transportar e à estabilidade dos seus sistemas.

b) Sistema de energia e propulsão

A direção e a velocidade dos skimmers são geridas por estes sistemas de propulsão e de energia.

c) Sistemas de controlo de navegação e orientação (GNC)

O módulo GNC supervisiona todo o sistema dos skimmers para lixo. É composto por software e computadores de bordo.

d) Infra-estruturas de comunicação

Um sistema de comunicação mais fiável incorpora a comunicação com/sem fios a bordo com uma série de sensores, actuadores e outros equipamentos, para além da comunicação sem fios com estações de controlo em terra e outros skimmers, a fim de executar o controlo cooperativo.

e) Sensores

Estes são utilizados para recolher os dados, controlar e operar os skimmers de lixo em diversas circunstâncias, como a temperatura e a humidade da cabina, o estado do equipamento elétrico, o consumo de combustível, etc. Por exemplo, com base na tarefa específica, são utilizadas câmaras, radar, sonar, etc. como sensores.

f) Estação terrestre

A estação terrestre está situada em terra, num veículo em movimento ou numa embarcação offshore. É crucial para o sistema GNC utilizado pelos skimmers de lixo. A estação terrestre controla em tempo real os skimmers para lixo a bordo das máquinas e também envia instruções de controlo para os skimmers para lixo que são manuseados remotamente.

Seguem-se algumas vantagens dos skimmers para o lixo:

i. Os skimmers de lixo são capazes de efetuar missões mais longas e perigosas do que os skimmers tripulados por humanos.

ii. Uma vez que não há tripulação a bordo, as despesas de manutenção são reduzidas e a segurança dos trabalhadores é significativamente maior.

iii. A leveza e as dimensões reduzidas dos escumadores de lixo melhoram a sua manobrabilidade e capacidade de utilização em águas pouco profundas (zonas ribeirinhas e costeiras), onde as embarcações de maiores dimensões não podem operar com êxito.

iv. Em comparação com outras aeronaves e naves espaciais, os "trash skimmers" têm também uma maior capacidade de carga potencial e podem monitorizar e recolher dados a profundidades maiores.

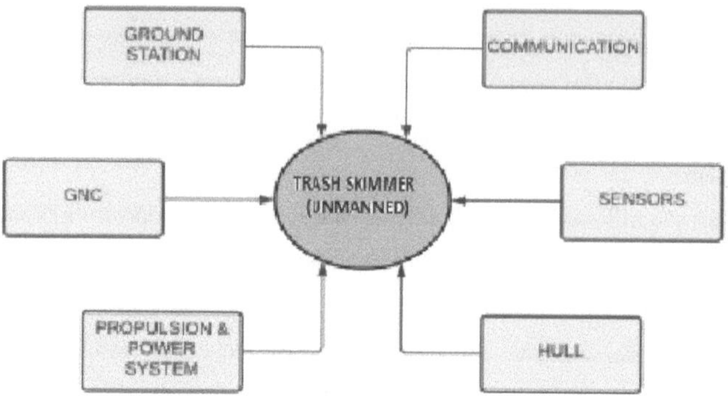

Fig 1.10: Arquitetura fundamental de um típico Escumador de Lixo com Visão

1.11 Inteligência visual para os skimmers do lixo

O principal objetivo é explorar a possibilidade de recolher e fornecer informação visual sobre a envolvente próxima de uma forma útil aos escumadores de lixo envolvidos na remoção de ervas aquáticas flutuantes e detritos em massas de água interiores. A informação visual útil para os escumadores de lixo incluirá a presença de vários objectos no seu percurso de navegação, tais como ervas aquáticas flutuantes, artigos de plástico e madeira, árvores mortas submersas, grandes rochas, etc. Com base nesta informação, os skimmers recolhem os detritos leves e flutuantes e evitam os objectos demasiado grandes, demasiado pesados ou que constituam obstáculos no seu percurso de navegação.

A informação visual será recolhida através de múltiplas câmaras localizadas na parte da frente dos skimmers para lixo. Os vídeos destas câmaras serão analisados e interpretados através da análise de imagem ou de vídeo, de modo a melhorar o desempenho do varrimento, ou seja, a recolha de ervas daninhas e detritos flutuantes.

A captação de imagens pela câmara subaquática limita-se à obtenção de informações visuais até uma profundidade máxima de um metro abaixo da superfície da água. Em comparação com a captação de imagens à superfície da água, a captação de imagens subaquáticas é relativamente mais complexa, mesmo a pouca profundidade. A captação de imagens subaquáticas é feita com distâncias curtas entre a câmara e o objeto. A qualidade do vídeo é degradada devido aos efeitos de cáustica, iluminação e absorção de cor. As imagens subaquáticas serão utilizadas para obter informações adicionais sobre os objectos que aparecem no vídeo da câmara superior. Além disso, as imagens serão utilizadas para detetar objectos submersos nos skimmers de lixo.

a) Configuração experimental para imagiologia experimental

O desenvolvimento de algoritmos de análise requer a recolha de vídeos de amostra. Para a recolha de vídeos de amostra, será fabricada uma plataforma flutuante robusta e plana com uma disposição para instalar câmaras acima do nível da água.

Para a recolha de informações visuais, as imediações do veículo serão objeto de imagens acima do nível da água. Para obter imagens das imediações acima do nível da água, será instalada uma câmara de alcance visível a uma certa altura acima do nível da água, na parte da frente do veículo. As câmaras serão instaladas para captar vídeos na mesma direção de avanço, de modo a facilitar uma melhor interpretação dos vídeos obtidos. As câmaras serão controladas à distância ou de forma autónoma para a aquisição de vídeos de amostra. O hardware e o software desenvolvidos serão transferidos para os skimmers de lixo propostos, quando estiverem prontos, e serão reavaliados exaustivamente.

b) Seleção da câmara

Com base nos requisitos funcionais do escumador de lixo, serão determinadas as especificações da câmara. As especificações incluem monocromático/cor, fixo/PZT/360^0 , velocidade de fotogramas, resolução de imagem, tempo de exposição, etc. As especificações da câmara devem ser seleccionadas com base nos requisitos funcionais dos escumadores de lixo.

c) Otimização dos parâmetros de imagiologia

As condições de captação de imagem, como a altura da câmara superior acima do nível da água, devem ser decididas de forma óptima com base na experimentação. Altura da câmara superior em relação ao nível da água, a decidir.

d) Captação de imagens em condições variáveis de luz solar

As câmaras captarão imagens do ambiente do veículo em condições de iluminação exterior. A direção e a intensidade da luz solar mudam constantemente com o tempo. A água pode ser bastante reflectora, dependendo da direção da luz.

e) Correcções para vídeo da câmara superior

A plataforma flutuante pode estar a mover-se devido ao vento e às ondas na superfície da água. Tanto a câmara superior como a inferior serão afectadas pelo movimento da plataforma flutuante. Além disso, para a câmara superior, os reflexos especulares variáveis no tempo das ondas ondulantes na superfície da água podem apresentar uma condição de fundo dinamicamente variável para o vídeo adquirido. O vídeo será corrigido em relação a estes efeitos para extrair objectos em primeiro plano no vídeo.

f)   Organizar a informação visual

A videografia continua enquanto o veículo se desloca e continua a recolher as plantas flutuantes. Iremos desenvolver um método para obter sistematicamente imagens do meio envolvente, organizar as imagens e interpretar os resultados. A interpretação deve ser útil para melhorar o desempenho do veículo na recolha de plantas.

g)   Deteção e Identificação de Objectos Colectáveis e Obstáculos no Percurso do Veículo

Os escumadores de lixo durante a sua viagem podem encontrar a presença de vários objectos, tais como ervas aquáticas flutuantes, artigos de plástico e madeira, árvores mortas submersas, pedras grandes, etc. Os skimmers, devido ao seu tamanho físico e à sua capacidade de tração, recolhem as plantas flutuantes leves e de pequeno porte e os pequenos grupos de plantas e evitam os grandes grupos de plantas emaranhadas, os objectos demasiado grandes, demasiado pesados ou que formam obstáculos no percurso de navegação.

O veículo fará a distinção entre (i) os objectos recolhíveis, que serão recolhidos pelos skimmers, tais como plantas isoladas ou pequenos grupos de plantas, garrafas de plástico, etc., e (ii) os objectos evitáveis ou obstrutivos, que serão evitados pelos skimmers, tais como grandes grupos de ervas daninhas emaranhadas, árvores caídas parcialmente/completamente submersas, grandes rochas, dunas de areia, etc

h)   Modificar o trajeto de navegação para evitar os obstáculos

Se os skimmers para lixo detectarem objectos evitáveis ou obstrutivos na trajetória de navegação, modificarão a sua trajetória para evitar os obstáculos identificados.

1.12 Comparação da análise vídeo/imagem em massas de água interiores com   cenários marítimos

A análise vídeo das massas de água interiores apresenta algumas semelhanças com a análise vídeo dos cenários marítimos.

No cenário marítimo, o objetivo é localizar objectos em primeiro plano e gerar informações e conhecimento da situação. As câmaras estão montadas em navios e bóias, e mesmo dois quadros de vídeo consecutivos podem ter grandes diferenças angulares e de posição. A diferença angular pode ter as três componentes angulares, nomeadamente guinada, rotação e inclinação. O vídeo é pré-processado para corrigir estes desvios. A análise do vídeo envolve etapas como a deteção da linha do horizonte, o registo da imagem, a subtração do fundo e a deteção de objectos em primeiro plano. Estas operações tornam-se bastante difíceis devido a razões como o movimento excessivo da câmara, a necessidade de deteção de objectos fixos e em movimento, etc.

Nas massas de água interiores, a câmara localizada no skimmer pode mover-se arbitrariamente devido à influência dos ventos e das ondas sobre a superfície da água. Tendo em conta as semelhanças, a etapa de pré-processamento na análise de vídeo para massas de água interiores pode ser semelhante à do cenário marítimo.
No entanto, a captação de vídeo em massas de água interiores difere em alguns aspectos.
(i) Prevê-se que os movimentos da câmara sejam menos severos em comparação com o cenário marítimo.
(ii) A análise de vídeo centra-se em objectos fixos na cena, que podem apresentar pequenos movimentos devido a ventos e ondas.
(iii) A cor geral da água numa massa de água interior depende das condições do solo circundante e pode ser única para o local.
Os objectos de cena presentes nas massas de água interiores são diferentes dos presentes nos cenários marítimos. Os objectos exclusivos das massas de água interiores são
(i) árvores vivas/mortas dentro ou perto do limite da massa de água,
(ii) pendurar ramos de árvores

1.13 Objectivos da investigação

O trabalho de investigação proposto tem como objetivo a aplicação de capacidades de visão para a remoção de vegetação flutuante em massas de água interiores do tipo armazenamento. Para atingir o objetivo geral proposto, a investigação proposta visa os seguintes objectivos

- Construir um protótipo de um escumador de lixo telecomandado, utilizando o microcontrolador Arduino, para obter imagens e vídeos em massas de água interiores.

- Desenvolver um algoritmo melhorado de deteção de linhas de horizonte baseado na análise de imagens para detetar a região de interesse (ROI), ou seja, a região da água, a partir de imagens de céu e água (adequadas para massas de água localizadas em ambientes urbanos), e avaliar o algoritmo desenvolvido utilizando um conjunto de dados de imagens adequado.

- Desenvolver um algoritmo melhorado de deteção de objectos com base na análise de imagem para segmentar objectos flutuantes (em imagens de regiões aquáticas) e avaliar o algoritmo desenvolvido utilizando um conjunto de dados de imagem adequado.

- Desenvolver um algoritmo de análise de imagem para detetar e localizar ervas daninhas de cor verde em imagens da região aquática, que pode fornecer informações úteis para a navegação automática de escumadeira de lixo para a recolha de ervas daninhas, e avaliação do algoritmo desenvolvido usando um conjunto de dados de imagem adequado. E também para construir um sistema de deteção de ervas daninhas utilizando o processador Raspberry Pi.

- Para avaliar o desempenho dos algoritmos desenvolvidos utilizando métricas de desempenho padrão, nomeadamente Recall-REC, Especificidade-SP, Taxa de falsos positivos/sensibilidade -FPR, Taxa de falsos negativos -FNR, Percentagem de classificação errada -PWC, Precisão -PRE, Medida-F -FM. Todas as métricas se baseiam em quatro grandezas, como os verdadeiros positivos -TP, os falsos positivos -FP, os verdadeiros negativos -TN e os falsos negativos -FN. E também para calcular a exatidão, o tempo de processamento, o erro de desvio de linha e a percentagem de erva daninha.

Estas capacidades visam minimizar o trabalho manual e proporcionar uma gestão mais eficiente, segura e atempada das ervas daninhas. O diagrama do fluxo de trabalho da investigação é apresentado na Fig. 1.11.

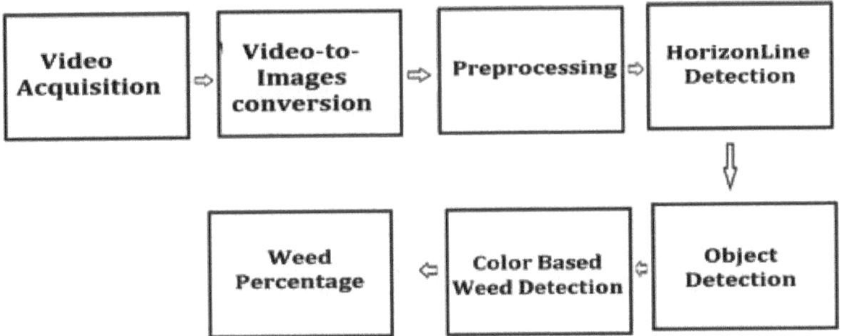

Fig 1.11: Diagrama do fluxo de trabalho da investigação.

1.14 Organização da tese

A organização da minha tese está dividida em sete capítulos

Capítulo 1: Introdução

Capítulo 2: Revisão da literatura

Capítulo 3: Modelo experimental do escumador de lixo com controlo remoto

Capítulo 4: Deteção de linhas de horizonte

Capítulo 5: Deteção de objectos flutuantes com base nas margens

Capítulo 6: Deteção de bordos baseada na cor

Capítulo 7: Conclusões e perspectivas futuras

As secções seguintes abordam sucintamente os diferentes capítulos.

Capítulo 1: Introdução

Este capítulo tenta explicar a motivação para este trabalho. Neste contexto, é feita uma breve introdução à essência dos escumadores de lixo baseados na visão para massas de água interiores, à sua importância na limpeza de massas de água interiores e ao significado do papel dos algoritmos de processamento de imagem na recolha autónoma de ervas daninhas em massas de água interiores com a ajuda deste escumador de lixo baseado na visão.

Capítulo 2: Revisão da literatura

Este capítulo inclui uma revisão da literatura sobre os trabalhos existentes no domínio dos skimmers flutuantes não tripulados, da deteção da linha do horizonte para extrair regiões aquáticas, da deteção de objectos para identificar objectos flutuantes e da navegação automática de veículos para identificar objectos flutuantes utilizando algoritmos de processamento de imagem. Para apoiar o trabalho proposto, são discutidos os méritos e deméritos das contribuições existentes.

Capítulo 3: Escumadeira com controlo remoto

Este capítulo descreve o processo de construção do modelo protótipo do escumador de lixo telecomandado, utilizando um microcontrolador Arduino. O sistema de aquisição de vídeo, a câmara, é acoplado a este skimmer para capturar/gravar sequências de vídeo/imagens para o desenvolvimento do conjunto de dados do próprio vídeo.

Capítulo 4: Deteção de linhas de horizonte

Este capítulo descreve um método rápido para detetar a linha do horizonte/linha de costa em vídeos captados por câmaras montadas em embarcações flutuantes, tais como skimmers de lixo, tanto em cenários marítimos como terrestres. Na maioria das vezes, a análise de vídeo/imagem de cenários marítimos/terrestres inclui a deteção da linha do horizonte como referência. É a linha de referência que separa água-céu e água-terra. Os algoritmos foram validados em várias imagens de teste e os resultados foram comparados.

Capítulo 5: Deteção de objectos flutuantes com base em arestas

Este capítulo descreve um método aperfeiçoado para a deteção de objectos flutuantes na água. A Região de Interesse (ROI), na qual os objectos devem ser detectados após a deteção do horizonte, é a parte da imagem situada abaixo do horizonte. O passo seguinte consiste em utilizar um algoritmo eficiente para detetar potenciais objectos na ROI. O algoritmo proposto reconhece que o gradiente dentro da ROI é causado por ondas/reflexos, ou seja, variabilidade da superfície da água ou um objeto, com a diferença de que os objectos estão (parcialmente) acima do plano da superfície da água. O algoritmo proposto foi validado em várias imagens de teste e os resultados obtidos foram comparados com os dos algoritmos existentes.

Capítulo 6: Deteção de arestas com base na cor

Este capítulo descreve um novo método para calcular as ervas daninhas em massas de água interiores. Após a deteção de objectos no lago, a erva daninha é distinguida de outros objectos, como aves, barcos, bosques, etc., através da sua cor. O método desenvolvido é implementado numa plataforma incorporada que inclui um sistema de aquisição de vídeo, um processador, LEDs e um dispositivo de visualização. Para implementar o algoritmo, é utilizado um programa Open CV Python. Ao detetar as ervas daninhas com a sua cor verde, este método pode ser utilizado como um método baseado na visão para direcionar o veículo para as ervas daninhas flutuantes.

Capítulo 7: Conclusão e âmbito futuro

Finalmente, este capítulo procura discutir e analisar o funcionamento de todos os algoritmos propostos, chegando a uma conclusão sobre o seu desempenho à luz dos trabalhos anteriormente existentes. Este capítulo termina com uma discussão de potenciais abordagens que poderão ser utilizadas no futuro para melhorar este trabalho.

CAPÍTULO 2
REVISÃO DA LITERATURA

A literatura tem realizado investigação significativa sobre vários aspectos da remoção de ervas daninhas invasoras flutuantes, máquinas de recolha de ervas daninhas, deteção da linha do horizonte e técnicas de deteção de objectos flutuantes e estacionários. Seguem-se os trabalhos mais importantes que são mais referenciados e que também influenciaram em grande medida a investigação atual.

2.1 Problemas e métodos de deteção de infestantes

Sushilkumar[1] abordou os problemas associados às ervas daninhas aquáticas na Índia e discutiu a forma como este país tem tentado gerir as ervas daninhas utilizando vários métodos até à data. As infestantes aquáticas são plantas indesejáveis que crescem na água e impedem a sua utilização. Na Índia, as seguintes ervas daninhas aquáticas são a principal preocupação: Eichhornia crassipes (jacinto de água), Salvinia molesta (erva daninha kariba), Nymphaea stellata (nenúfar azul indiano), Neumbo nucifera (lótus sagrado), Hydrilla verticillata (tomilho de água), Vallisneria spiralis (erva-enguia), Typha angustata (junco menor), e Nitella (algas), Lemna spp.(lentilha-d'água comum)[2]. Vários projectos de irrigação e hidroeléctricos no país estão a sofrer com o crescimento maciço de ervas daninhas aquáticas, incluindo o projeto Nagarjuna Sagar em Andhra Pradesh, o projeto Tungabhadra em Karnataka e os reservatórios de Kakki e Idikki em Kerala. O jacinto de água contamina a água devido à eutrofização e diminui o caudal da água, para além de causar uma série de problemas de saúde. As ervas daninhas aquáticas podem, de facto, ser controladas utilizando uma variedade de métodos, incluindo o controlo biológico, químico e físico. Cada método tem vantagens e desvantagens [3].

Existem vários mecanismos de controlo populares para evitar a propagação ou erradicação de infestantes aquáticas. Os métodos físicos só são adequados para infestações em pequena escala e tornam-se ineficazes em grandes massas de água devido aos custos elevados e ao recrescimento. O controlo químico das ervas daninhas aquáticas tem sido utilizado na Índia há muito tempo, mas não é amplamente utilizado. O controlo herbicida de pequenas infestações tem sido frequentemente muito eficaz, mas depende fortemente de operadores qualificados que mantenham uma vigilância a longo prazo para detetar o aparecimento de rebentos ou plântulas.

A quantidade de nutrientes despejados na água por fontes industriais e domésticas aumentou significativamente nas últimas décadas. Os gorgulhos exóticos Neochetina spp. e Cyrtobagaus salvinae foram utilizados com sucesso para controlar o jacinto de água e o feto de água em várias partes da Índia, mas não existem bioagentes adequados para várias outras ervas daninhas aquáticas. Algumas espécies de peixes herbívoros (Tilapia spp. e Ctenopharyndon idella) têm sido utilizadas para controlar as ervas daninhas submersas, particularmente a Hydrilla spp.

Em Kerala, na Índia, Sathyanathan et al.[5] investigaram a classificação das ervas daninhas aquáticas, os efeitos ambientais e as tecnologias de gestão para um controlo eficaz. Estas infestantes, que são plantas que completam o seu ciclo de vida na água, constituem uma séria ameaça para o ambiente. Foram observadas colónias de espécies aquáticas muito compactas nas regiões do sul de Kerala, que incluem principalmente os distritos de Ernakulam, Kottayam, Idukki e Alappuzha. As ervas daninhas aquáticas nocivas invadiram massas de água interiores, estuários e regiões costeiras e foram agora abandonadas. O crescimento rápido e excessivo das ervas daninhas aquáticas numa variedade de condições ambientais limita o desempenho a longo prazo de muitos sistemas de drenagem e irrigação, reduzindo a produtividade das terras agrícolas.

As ervas daninhas aquáticas são classificadas como emergentes, flutuantes ou submersas com base no seu habitat. Muitas espécies encontradas em Kerala foram introduzidas pela primeira vez em jardins botânicos. Salvinia spp., Eichhornia crassipes, Pistia stratiotes, Alternanthera spp., Azolla, lentilha d'água comum e Hydrilla verticillata são as ervas daninhas aquáticas mais comuns encontradas em Kerala. As infestantes aquáticas podem ser reduzidas ou eliminadas através de estratégias de gestão bem planeadas que incluam medidas preventivas e de controlo (biológicas[11], físicas[8], químicas[9] e ecofisiológicas). Um programa de controlo de infestantes bem sucedido depende dos recursos disponíveis, das infestantes presentes e da capacidade de implementar métodos de controlo eficazes. Deve ser iniciada investigação operacional a longo prazo e/ou projectos-piloto em áreas problemáticas, com base em recomendações técnicas derivadas de experiências de investigação.

L.A. Helfrich et al. [7][9] centraram-se nos métodos de controlo de plantas aquáticas em lagoas e lagos. As plantas aquáticas que crescem em lagoas e lagos beneficiam tanto os peixes como a vida selvagem. Fornecem aos peixes e às aves aquáticas alimento, oxigénio dissolvido e habitat de desova e nidificação. As plantas aquáticas têm a capacidade de reter o excesso de nutrientes e desintoxicar os produtos químicos. Os nenúfares e outras flores silvestres aquáticas são vendidos e plantados para dar beleza floral aos lagos de jardim. Por outro lado, o crescimento denso (mais de 25% da área de superfície) de algas e outras plantas aquáticas pode interferir seriamente com a recreação do lago e pôr em perigo a vida aquática. A natação, a navegação, a pesca e outros desportos aquáticos podem ser prejudicados pelas plantas aquáticas. As plantas aquáticas podem dar um sabor desagradável, a vegetação em decomposição emite odores nocivos e as algas podem descolorir a água do lago. O crescimento das plantas pode provocar o esgotamento do oxigénio durante a noite e a morte dos peixes. Explicaram os problemas das ervas daninhas aquáticas como restrições recreativas, problemas com o sabor dos peixes, problemas com o odor da água do lago, problemas com o sabor da água potável, redução do crescimento dos peixes.

J. L. Shelton et al.[6] e T. R. Murphy et al.[10] recomendaram métodos de controlo das ervas daninhas como dragar e aprofundar o tanque, remover as ervas daninhas (manual ou mecanicamente), ajustar os níveis de água, sombrear, tingir, instalar revestimentos no fundo do tanque, controlos biológicos, controlos químicos.

A vegetação aquática invasora pode espalhar-se rapidamente por toda a extensão das massas de água, causando graves consequências económicas e ecológicas. Embora existam métodos mecânicos, químicos e biológicos para identificar e tratar estas espécies invasoras, estes são trabalhosos, ineficientes e dispendiosos e podem causar danos ecológicos colaterais.

2.2 Máquinas de recolha de ervas daninhas

As máquinas de escumadeira tripuladas são controladas por operadores humanos sentados dentro das máquinas. A maioria das máquinas comerciais pertence à categoria dos escumadores de lixo tripulados. As máquinas mais económicas e pesadas são normalmente utilizadas para limpar massas de água fortemente infestadas. O jacinto regenera-se rapidamente através da germinação de sementes, do crescimento vegetativo a partir de fragmentos de plantas e de aglomerados emaranhados. Uma limpeza sistemática de acompanhamento que inclua a remoção das plantas que voltam a crescer pode reduzir significativamente a reinfestação de ervas daninhas. Uma máquina de limpeza não tripulada de baixo custo será extremamente benéfica para os esforços de controlo.

Com o aumento do interesse global por questões comerciais, científicas e militares relacionadas com os oceanos e as águas pouco profundas, tem havido um aumento da procura de veículos de superfície não tripulados (USV) com capacidades avançadas de orientação, navegação e controlo (GNC). Zhixiang Liu [25] fez uma análise exaustiva dos recentes avanços no desenvolvimento de USV. Na primeira secção, o autor apresentou uma panorâmica do desenvolvimento histórico e recente dos USV, bem como algumas interpretações fundamentais. Em seguida, as actuais abordagens GNC das USV são ilustradas e classificadas com base numa série de critérios, incluindo as suas aplicações, metodologias e desafios. Finalmente, são discutidas questões mais amplas e direcções futuras para os USVs no sentido de capacidades GNC mais viáveis.

J.E. Manley [36] apresentou uma panorâmica dos campos das USVs e das embarcações de superfície autónomas (ASC). O autor discutiu as soluções tecnológicas que permitiram que os USVs surgissem como uma grande plataforma para operações marítimas, bem como as áreas de aplicação em que podem ser úteis. Este documento seguiu os avanços tecnológicos desde os sistemas prematuros do autor, desenvolvidos em 1993, até aos mais recentes desenvolvimentos e sistemas de demonstração.

Para limpar os esgotos, M. Mohamed Idhris et al.[37] desenvolveram uma máquina que é controlada à distância. O sistema tem um motor do limpa para-brisas controlado à distância e dois motores dos vidros eléctricos que estão ligados à roda. O processo começa por recolher os resíduos de esgotos com o braço e depois devolve-os ao contentor inferior da máquina. Um braço é utilizado para levantar o esgoto, que é depois recolhido num balde. O equipamento funciona mesmo em zonas de esgotos com menos água, para recolher os resíduos que flutuam à superfície da água. O lixo que obstrui o sistema de drenagem também é recolhido e removido.

Ruangpayoongsak. N [38] desenvolveu um robô que pode substituir o trabalho humano na recolha de resíduos flutuantes e investigar o desempenho das escavadoras de resíduos concebidas e instaladas no robô escavador de resíduos flutuante. É apresentada a conceção do mecanismo do robô, das escavadoras de resíduos e do controlo. O robô foi testado com êxito numa superfície de água calma. Foram realizadas experiências num lago e os resultados mostram que a variação da velocidade de condução do robô e da velocidade da correia transportadora tem um efeito na recolha de resíduos. Foram realizadas experiências num lago e os resultados mostraram que a variação da velocidade de condução do robô e da velocidade da correia transportadora tem um efeito na recolha de resíduos. A capacidade de várias escavadoras é avaliada e o peso das garrafas de plástico recolhidas por humanos utilizando redes de escavação é comparado com o do robot.

Rahul Prakash K.V et al.[13] desenvolveram um sistema de limpeza de canais baseado na energia solar para remover os resíduos flutuantes. Este dispositivo é colocado ao longo da massa de água, permitindo que o fluxo ocorra através de grelhas inferiores. Resíduos como detritos biológicos, garrafas de plástico, latas, etc., são levantados por um transportador equipado com dentes salientes. Um transportador secundário é fornecido para transportar o lixo para as áreas de despejo.

J. Sumroengrit [39] descreveu um método de deteção de resíduos flutuantes baseado em laser para orientação de robôs de superfície quando as posições dos resíduos são desconhecidas antecipadamente. A técnica proposta pelos autores para a deteção de resíduos flutuantes baseia-se no conceito de refração e reflexão dos raios laser. O detetor económico de resíduos é construído e instalado no robô. São desenvolvidas equações de movimento de cinco graus de liberdade (DOF) para calcular a posição dos resíduos, incorporando a distância medida pelo laser, bem como o movimento do robot causado pela força externa do vento e pela tensão superficial da água. As experiências foram realizadas numa massa de água calma e os resultados mostram que a deteção económica de resíduos apresentada identifica e localiza com êxito a posição das garrafas de plástico que flutuam à superfície da água num raio de 5 metros.

Maharshi Patel[35] descreveu o desenvolvimento de uma pequena frota de embarcações totalmente autónomas capazes de obter imagens hidroacústicas de subsuperfície para analisar a vegetação aquática, de utilizar a aprendizagem automática para identificar automaticamente as ervas daninhas e de aplicar herbicidas para colmatar as actuais deficiências na gestão das ervas daninhas aquáticas e controlar a vegetação. Estas capacidades reduzem o trabalho manual, ao mesmo tempo que proporcionam uma gestão mais eficiente, segura, rápida e exacta das ervas daninhas. Imagens hidroacústicas geo-referenciadas de três vegetações aquáticas - Hydrilla, Cabomba e Coontail - foram recolhidas e utilizadas para desenvolver um pipeline de software para a classificação e mapeamento da distribuição de ervas daninhas aquáticas subsuperficiais. Utilizando a aprendizagem profunda, o novo software alcançou uma precisão de classificação de 99,06% após o treino.

Josip Vasilj et al. [26] propuseram o desenvolvimento de um drone USV de conceção aberta com um hardware de controlo a vários níveis. O drone de superfície aquática do tipo catamarã proposto permite o controlo direto através de uma ligação de rádio sem fios, o controlo ideal da propulsão, a navegação e a comunicação com uma estação de controlo em terra. Todo o projeto é altamente modular, podendo cada componente ser substituído ou modificado com base na tarefa desejada, na carga útil ou nas condições ambientais. A USV desenvolvida destina-se a ser utilizada como parte de um sistema de deteção e identificação de resíduos marinhos e lacustres. Câmaras montadas no veículo - a USV capta sequências de vídeo e imagens das superfícies marinhas ou interiores. Os algoritmos de aprendizagem automática são aplicados para identificar e classificar os resíduos na superfície da água.

O protótipo tradicional do Veículo de Superfície Autónomo (ASV) tem a limitação de possuir um grande raio de viragem, o que o torna inadequado para a formação de enxames, especialmente numa aplicação em pequenas áreas. Um novo protótipo de ASV é desenvolvido por M.H. A. Majid et al.[27] para acomodar os requisitos de enxameação e estabilidade de movimento.

A proliferação de cianobactérias (Harmful Algal Blooms (HABs)) causou recentemente graves danos aos ecossistemas fluviais e lacustres ao produzir cianotoxinas em resultado de alterações das condições meteorológicas. S. Jung et al.[29] propõem um sistema robótico de remoção de eflorescências de algas (ARROS) para a remoção de HAB. O ARROS tem um USV do tipo catamarã e um sistema de remoção de algas. Além disso, são implementados no ARROS sistemas de controlo elétrico e um sistema GNC para remover autonomamente a proliferação de algas. Além disso, é utilizado um Veículo Aéreo Não Tripulado (UAV) para aumentar a eficiência do trabalho, e o sistema detecta a proliferação de algas utilizando um algoritmo de deteção baseado em imagens de padrão binário local. Quando o UAV detecta uma proliferação de algas, um servidor envia um comando e o USV segue a trajetória indicada, gerada autonomamente por um algoritmo de planeamento da trajetória de cobertura. As HAB são então removidas utilizando um reator de eletrocoagulação e flutuação localizado por baixo do USV.

Miroslav Pasler et. Al [40] avalia a viabilidade futura da utilização de veículos aéreos não tripulados (UAV) para observar massas de água interiores, com especial incidência na qualidade da água. É apresentada uma comparação das possibilidades de observação com base em dados Landsat 7 & 8 e dados UAV, com ênfase na resolução temporal, resolução espacial, influência das condições climatéricas e custos associados.

Abir Akib et al.[28] desenvolveram um robô de recolha de resíduos controlado à distância. O sistema de controlo por Bluetooth baseado numa aplicação móvel é utilizado para controlar o robô flutuante à distância e, para recolher o lixo, é utilizada uma mão robótica. O robô tem duas hélices ligadas a dois motores de corrente contínua para se deslocar para a frente, para trás, para a esquerda e para a direita. Foi utilizado um sistema de transporte para guiar o lixo até ao contentor, bem como uma configuração de sensores para proteção contra sobrecarga. Os custos de produção e de manutenção são reduzidos ao mínimo. O protótipo pode recolher até 10 kg de lixo e limpar uma área de aproximadamente 3000 centímetros quadrados, consumindo apenas 45 watts da bateria. O robot pode funcionar continuamente durante quatro horas sem precisar de ser recarregado.

2.3 Deteção de linhas de horizonte

Foram desenvolvidas e comunicadas várias abordagens para a deteção da linha do horizonte no meio marinho, utilizando sensores de câmara montados em escumadeiras, mas muito poucas em massas de água interiores.

Yuan et al. [41] propuseram um método para **detetar o horizonte em imagens com nevoeiro**. No seu método, foi utilizada uma função de energia no espaço do canal escuro para detetar o horizonte. Os resultados indicaram a eficiência adequada do método em condições de nevoeiro.

Santana et al.[42] propuseram um modelo para a **deteção de água** em sequências de vídeo, o que constitui uma vantagem importante para qualquer robô que opere em ambientes naturais. O modelo pode filtrar o fundo estático e mesmo qualquer objeto dinâmico na cena, procurando na entrada visual a textura dinâmica tipicamente caótica da água. A assinatura das águas é definida neste trabalho principalmente em termos de uma medida de entropia calculada a partir do fluxo ótico obtido em vários fotogramas. É utilizado um método de propagação de etiquetas guiado por segmentação para ajudar na classificação de regiões imóveis na entrada visual, que estão normalmente associadas ao campo distante. O modelo é validado experimentalmente em 12 vídeos diferentes de câmaras estáticas e em movimento.

Boroujeni et. al [43] propuseram uma segmentação baseada em agrupamentos na deteção de horizontes, com base na existência de um campo de luz distinto em imagens em que o horizonte é visível. Examinaram o efeito do campo de luz no horizonte que está presente em todos os conjuntos de dados. Sugere-se que a imagem seja agrupada, o que pode ser feito de forma rápida e precisa. O método proposto detectou o caminho do horizonte como a **fronteira exacta entre as regiões do céu e do solo, e não como uma linha reta**. Para extrair este campo de luz, podem ser utilizados vários métodos de agrupamento. Entre estes métodos estão o k-means e o baseado na intensidade. O tempo médio de computação do método de agrupamento baseado na intensidade é inferior a 1,5 segundos, enquanto o do método k-means é de cerca de 10 segundos.

Wei et al. [44] propuseram um **algoritmo** eficiente **de deteção de linhas de água** para imagens ópticas baseado na **extração de estruturas e** na **análise de texturas**, bem como uma aplicação prática a um sistema USV para validação. Em primeiro lugar, foram investigados os princípios fundamentais dos padrões binários locais (LBPs) e da matriz de coocorrência de níveis de cinzento (GLCM), e os seus benefícios foram combinados para calcular a informação sobre a textura das imagens de rios.

Depois, a extração de estruturas foi utilizada para pré-processar as imagens originais do rio, removendo as texturas causadas pelo movimento da USV, pelo vento e pela iluminação. As linhas de água de muitas imagens captadas pelo sistema USV que se deslocava ao longo de um **rio interior** foram detectadas com o método proposto na aplicação prática, e os resultados foram comparados com os da deteção de bordos e da segmentação de superpixéis. **O método proposto teve um erro médio de 1,84 pixéis e um desvio médio quadrático de 4,57 pixéis.**

O algoritmo RANSAC é utilizado por Kim et al. [45] para extrair os pixéis da linha do horizonte. Utilizaram o cálculo do gradiente direcional da coluna e, finalmente, detectaram o horizonte utilizando a otimização dos mínimos quadrados. Mas o método de ajuste de linhas RANSAC é sensível ao ruído (amplamente distribuído) e também às arestas vivas.

Rahman et al.[47] conseguiram a deteção do horizonte utilizando os métodos de deteção de bordos Canny e a transformada de Hough [48-51], mas a **transformada de Hough exige um compromisso entre a precisão da deteção e a complexidade computacional;** além disso, **sofre a interferência de bordos fortes e de ruído, como a desordem das nuvens e o brilho das ondas, e a transformada de Hough fabrica frequentemente segmentos de linha falsos.**

Tang et al. [52] utilizaram a transformada de Radon para detetar a linha de céu marinho (SSL). Tal como a transformada de Hough, esta transformada de Radon também tem os mesmos inconvenientes. **A transformada de Radon efectua uma estimativa deficiente para segmentar a linha nos pontos finais.**

Rahul et al. [53] utilizam a análise do espetro e o método de ajuste da elipse para detetar linhas de horizonte. **No entanto, a falsa deteção aumenta quando o contraste da imagem é baixo ou quando a nitidez da imagem é baixa ou quando há uma forte interferência das arestas.**

Mettes et al.[54] examinaram vários atributos do movimento da água. Os autores descreveram inicialmente um passo de pré-processamento de vídeo que irá melhorar a invariância contra reflexos e cores da água. Depois, investigaram as propriedades espaciais e temporais da água e derivaram descritores locais para elas. Os descritores são utilizados para classificar localmente a presença de água e é gerada uma máscara binária de deteção de água através da regularização das classificações locais com um campo aleatório de Markov (MRF) espácio-temporal. As experiências efectuadas na base de dados Video Water Database e na base de dados DynTex mostraram que o algoritmo proposto é eficaz e supera significativamente vários algoritmos de reconhecimento de texturas dinâmicas e de reconhecimento de materiais. Hozyn et al.[55] propuseram uma filtragem adaptativa para reduzir as arestas fracas e um algoritmo de segmentação progressiva para diferenciar as regiões do céu e da terra com a utilização de sistemas ópticos. Este algoritmo evita o problema que geralmente ocorre em vários métodos de tratamento de imagens, que requerem um conjunto de parâmetros antes da execução, e vários métodos baseados em redes neuronais necessitam de uma grande base de dados de imagens rotuladas,

Sun et al. [56] propuseram um método de deteção de linhas de horizonte com costura fina e grosseira (CFS). Na fase grosseira do CFS, é utilizada uma abordagem de deteção de segmentos de linha baseada em características de gradiente para gerar um conjunto de candidatos a linhas, que é suscetível de conter muitos resultados de deteção falsos. Na etapa fina, a filtragem de características híbridas é utilizada para selecionar segmentos de linha de horizonte a partir do conjunto. Finalmente, os segmentos de linha fina são unidos para formar toda a linha do horizonte utilizando o consenso de amostras aleatórias (RANSAC) [73].

Os sistemas ópticos são utilizados em ASVs para detetar linhas de horizonte [56, 57], linhas de água [58], linhas de céu marítimo [59,60], linhas de terra marítima [61,62] e objetos [63,64].

K-O algoritmo dos meios e o algoritmo dos mínimos quadrados são utilizados em Boroujeni et al.[43] para detetar a linha do horizonte. Para preencher os pixéis não ligados, é aplicado o algoritmo union-find após o processo de agrupamento. O método iterativo rápido foi apresentado em [57] para determinar os pixéis mais prováveis de uma linha do horizonte.

Kristan et al. [67] utilizam a segmentação estatística não supervisionada condicionada para detetar linhas de costa de água (WSL). Os autores utilizaram um modelo de segmentação semântica (SSM). **A investigação atual incide principalmente na deteção de WSL rectas[69].**

Xiong et al. [68] propuseram um método em três etapas para estimar a WSL não rectilínea. O detetor de segmento de linha (LSD), o método baseado em restrições epipolares e a análise de vários fotogramas são desenvolvidos **para detetar linhas (rectas e curvas) no rio interior. A precisão da linha é estimada a partir do desvio da linha (2,7 píxeis), e supera os outros métodos; no entanto, este método requer mais tempo de execução (2647ms).**

Huang et al. [70] procuram uma solução para garantir a precisão da deteção de linhas de água para aplicações marítimas interiores utilizando um sensor de câmara digital geral. Para o efeito, é proposto o DeepWL, um paradigma geral baseado em aprendizagem profunda aplicável em águas interiores variáveis, que aborda simultaneamente a eficiência da deteção de linhas de água. Especificamente, dois novos modelos de redes profundas, WLdetectNet e WLgenerateNet, colaboraram no paradigma **para fornecer uma estimativa contínua do mapa de imagens de linhas de água** a partir de um único fluxo de vídeo capturado.

Uma linha de horizonte é normalmente representada como uma linha reta num cenário marítimo. Na literatura, as abordagens comuns para a deteção de horizontes incluem métodos baseados em projeção [52], [71-74], análise de intensidade [75], [76] e análise estatística das regiões do mar e do céu [77].

Um detetor de arestas é utilizado em métodos baseados em projeção para gerar um mapa de arestas. A linha do horizonte é então determinada através da projeção das arestas para outro espaço paramétrico com uma linha dominante facilmente detetável. A transformada de Hough [46] e a transformada de Radon são dois métodos de projeção representativos. Estes métodos são os mais utilizados porque são simples e matematicamente bem definidos. No entanto, são propensos à presunção e falham frequentemente o horizonte quando este não é a linha mais dominante.

Os métodos de análise da variação de intensidade calculam primeiro o mapa de gradiente, incluindo a direção vertical, e depois identificam os bordos máximos em cada coluna da imagem. Utilizando várias técnicas de otimização, como o método dos mínimos quadrados e a programação dinâmica, a linha de horizonte óptima é calculada utilizando as arestas máximas. Embora estes métodos sejam simples, a sua precisão é afetada quando existe um limite com uma alteração de intensidade significativamente maior do que o horizonte ou quando as linhas do horizonte são ocluídas por vasos.

Ao segmentar uma imagem em regiões de mar e céu, os métodos de análise estatística identificam a linha do horizonte. Estes métodos são mais susceptíveis ao pré-processamento porque utilizam informação estatística local em vez de informação de gradiente ao nível do pixel. Também são capazes de detetar um horizonte enevoado. No entanto, estes métodos têm de calcular a distribuição estatística das regiões. Como resultado, demoram mais tempo a calcular.

Os métodos descritos acima funcionam em conjunto e, ao combinar várias abordagens, a precisão da deteção de horizontes é melhorada. Fefilatyev et al.[78] apresentaram um método híbrido que combina a transformada de Hough e a análise estatística. Utilizaram a transformada de Hough para selecionar um menor número de linhas candidatas e, em seguida, calcularam os critérios de separação para encontrar a melhor linha, maximizando a diferença entre as regiões da água e do céu. Para representar a distribuição de cores de cada região no espaço de cores RGB, foi utilizado o modelo Gaussiano e a distância Bhattacharyya [79] foi utilizada para medir a semelhança da distribuição de cores.

Lipschutz et al. [80] propuseram um método semelhante ao de Fefilatyev et al. [78]. Utilizaram um filtro morfológico e calcularam histogramas das regiões do céu e do mar como fase de pré-processamento para representar a distribuição de cores de cada uma delas. Estes métodos requerem uma análise estatística devido ao número potencialmente elevado de linhas candidatas. Como resultado, o tempo de computação aumenta significativamente. Além disso, **os métodos híbridos extraem a informação dos limites principalmente de uma imagem de escala única, o que levanta a difícil questão da instabilidade da deteção de limites.**

Jeong et al. [81] propuseram uma abordagem rápida para a deteção da linha do horizonte em cenários marítimos, incorporando um método multi-escala e a deteção da região de interesse. O método proposto detecta primeiro a região de interesse utilizando uma propriedade do cenário marítimo e, em seguida, efectua a deteção de bordos em várias escalas para a extração de bordos em cada escala. Os resultados são então combinados para formar um único mapa de bordos. A transformada de Hough[82] e um método de mínimos quadrados são então utilizados sequencialmente para estimar com precisão a linha do horizonte. **O método proposto pode processar uma imagem de alta definição (HD) a cerca de 15 fotogramas por segundo, com um erro de posição mediano inferior a 2 pixéis em relação ao horizonte e um erro angular mediano de cerca de 0,15 graus.**

Zhan et al. [83] propuseram um método de deteção visual robusto e de alta precisão baseado em redes neurais que detecta linhas de água utilizando **formação em linha,** imagens agrupadas com diferentes regiões e etiquetas e valores de confiança. Nos algoritmos anteriores, o **método** de ajuste de linhas rectas **não detecta a linha de horizonte curva** e o **método de aprendizagem automática (ML) é demasiado complexo do ponto de vista computacional. Por outro lado, a aprendizagem em linha não pode produzir resultados imediatos. Devido à variedade de cenários, uma aprendizagem offline resultará numa redução significativa da precisão.**

2.4 Deteção de objectos flutuantes

Os lagos, ao contrário dos oceanos, são ambientes confinados com uma densidade complexa de objectos flutuantes, como ervas daninhas, aves, pessoas ou barcos. A deteção desses objectos é um requisito fundamental para que os escumadores de lixo possam navegar em segurança nos lagos de forma totalmente autónoma. As várias estratégias podem ser implementadas de várias formas, algumas das quais são aqui analisadas.

A deteção de objectos para skimmers com visão em lagos e lagoas é um problema relativamente novo em comparação com os veículos terrestres não tripulados (UGV). Poucas soluções são implementadas para skimmers e, portanto, inspiradas na experiência dos UGVs. Para detetar objectos em lagos, tal como nos UGV, são utilizados sensores LIDAR (Light Imaging, Detection And Ranging)[82][84][85], câmaras estéreo e monoculares, SONARs (SOund Navigation And Ranging) e RADARs (RAdio Detection And Ranging)[86].

Os LIDARS e RADARs de alto custo, apesar do seu excelente alcance, são volumosos e, portanto, mais adequados para navios de grande porte. Não são eficazes na deteção de pequenos alvos a curta distância [86]. Outras soluções populares recorrem a câmaras de visão estéreo. As câmaras baratas e leves são geralmente utilizadas em pequenos skimmers que se encontram habitualmente nos lagos. Além disso, em comparação com outros sensores de alcance, o consumo de energia de uma câmara é baixo. Os pequenos skimmers são normalmente alimentados por baterias, pelo que o consumo de energia é um dos principais factores que influenciam a duração da autonomia.

Neves et al. [87] utilizaram um computador de placa única para implementar capacidades de visão estéreo num skimmers, mas a deteção está limitada a alvos e bóias pré-definidos. Wang et al. [88] também utilizaram um sistema de visão estéreo, mas adoptaram uma abordagem diferente. Detectaram objectos utilizando a saída de uma das câmaras e estimaram a sua distância ao veículo utilizando algoritmos de visão estéreo [89].

Steccanella[90] propôs a utilização de ML baseado em CNN para detetar a linha de água e objectos na água. O método gera uma imagem com máscara binária que separa a água das regiões sem água. Para calcular a posição da linha de água a partir da máscara, foram utilizados o INTCATCH Vision Dataset e o Obstacle Detection Dataset. Como se baseia em máscaras pré-treinadas, este método pode falhar em ambientes lacustres não uniformes. A abordagem proposta, que é executada a 10 fotogramas por segundo numa placa GPU incorporada, atinge uma precisão de segmentação de 98,8% em termos de píxeis.

Lili Zhang et al. [91] propuseram um método mais rápido de deteção de objectos na superfície da água em tempo real baseado em R-CNN. A velocidade de deteção foi de 13 fotogramas por segundo e a precisão média (MAP) foi de 83,7 por cento. A deteção de linhas de água não foi proposta neste documento. Skip-ENet, um modelo baseado em sensores de visão para reconhecimento de objectos em tempo real, foi proposto por Hanguen Kim et al [92]. Quando comparado com o ENet, a quantidade de computação não é significativamente maior. Além disso, ao aumentar os valores da precisão da classe e da intersecção média da união, o Skip-ENet pode efetivamente segmentar objectos marinhos complexos (mIoU). Além disso, mesmo os sistemas incorporados de baixo custo podem calcular 10 ou mais fotogramas por segundo utilizando este modelo (fps). A superioridade do modelo proposto foi demonstrada comparando o seu desempenho com o dos modelos de segmentação tradicionais, MobileNet, ENet e DeeplabV3+.

No estudo de Igor Klein et al. [93] foram avaliadas e comparadas abordagens alternativas para distinguir massas de água interiores a partir de séries temporais de dados MODIS de 250 m. A fim de encontrar uma abordagem optimizada relevante para a deteção global de massas de água interiores utilizando dados MODIS com resolução espacial/temporal moderada, foi avaliado o desempenho de várias bandas e índices de entrada, métodos de seleção de pixels de treino e abordagens de definição de limiares dinâmicos. Os resultados das abordagens testadas foram objeto de validação cruzada utilizando classificações Landsat-8 de alta resolução. As ASVs ganharam recentemente popularidade devido à sua utilização numa variedade de domínios, incluindo operações militares, proteção ambiental, inspeção de patrulhas da guarda costeira e salvamento marítimo [94].

A deteção e o reconhecimento de regiões aquáticas são fundamentais para a navegação autónoma dos USV, uma vez que qualquer região não aquática é suscetível de constituir um obstáculo que representa um risco para o veículo que navega. Zhan et al. [95] propuseram um novo método de deteção visual de regiões aquáticas. O algoritmo de segmentação adaptativo em várias fases divide os pixéis da imagem de entrada em diferentes regiões antes de atribuir a cada pixel uma etiqueta e um valor de confiança. O mapa de etiquetas e o mapa de confiança resultantes são depois introduzidos numa rede neural convolucional (CNN) como amostras de treino para treinar a rede em linha. Finalmente, a imagem é segmentada utilizando a CNN treinada em linha. O método proposto tem duas vantagens em relação a outros algoritmos de segmentação de imagens com aprendizagem profunda. Em primeiro lugar, elimina a necessidade de rotulagem manual das amostras de treino, que é uma tarefa dispendiosa e morosa. Em segundo lugar, permite que a CNN receba formação em linha em tempo real, permitindo que a rede se adapte ao ambiente de navegação.

Oren Gal et al. [96] tentaram um método baseado no tempo para determinar os pontos característicos utilizando uma matriz de ocorrência para segmentar os possíveis objectos a partir do padrão da água. Guo et al. [97] apresentaram um método baseado no tempo, considerando que os objectos se moviam paralelamente ao veículo. **Estes métodos dão uma fraca segmentação de objectos arbitrários devido a padrões de água não periódicos.**

Wang et al. [96] propuseram a deteção de objectos na sua análise monocular. Os pontos característicos foram depois encontrados utilizando um detetor de cantos Harris e o seguidor de características Lucas-Kanade. Kristan et al. [67] apresentaram um método de passo único baseado em GMM para segmentar regiões de água, terra e céu e utilizaram dados de pré-aprendizagem. **Dada a variedade de condições do lago, são necessários dados de treino para um desempenho eficiente do algoritmo.**

Paccaud P et al. [99] utilizaram um algoritmo de processamento de imagem baseado em gradientes para propor um algoritmo de deteção de obstáculos para ASVs pequenos e de baixo custo. **Para os conjuntos de dados OSF, este algoritmo atinge uma precisão de 94,66% e uma recuperação de 97,45% e os objectos são identificados em 2 a 3 segundos. Este algoritmo é implementado no processador Raspberry Pi-3-Model-B.**

2.5 Lacuna de investigação

Com base no enunciado do problema acima referido, há margem para investigação no sentido de alargar as capacidades de visão para a remoção de ervas daninhas invasoras que flutuam livremente em massas de água interiores do tipo armazenamento. É necessária investigação sobre a determinação exacta da região de água ROI em imagens de água-terra-céu, a segmentação de objectos flutuantes em imagens de regiões de água.

No entanto, não se pode ignorar que cada técnica da literatura existente está também associada a certas limitações.

A categoria máxima da literatura existente centra-se em

- Deteção da linha do horizonte mar-céu ou da linha do horizonte céu-terra, que é uma linha reta. No entanto, verificamos que estes métodos se centram todos na linha de horizonte reta, o que não é adequado para a natureza irregular das massas de água interiores. Devemos encontrar uma linha do horizonte exacta que proteja o escumador de lixo do embate na linha da costa.

- As máscaras binárias pré-treinadas da região da água são consideradas para extrair a deteção da linha do horizonte. Não é aplicável a massas de água interiores de ambiente complexo.

- Os métodos actuais de segmentação de imagens produziram resultados fracos, muito provavelmente devido a diferenças nas cenas consideradas pelo algoritmo. As ondas nas massas de água interiores são muito mais contrastadas, com padrões altamente não periódicos. Concluímos, a partir dos fotogramas apresentados, que a causa mais provável do fraco desempenho foi o facto de terem colocado a câmara muito mais alto do que o nosso sistema permitia, limitando a utilização do algoritmo a skimmers de tamanho médio/grande.

- O sistema GPS tem sido geralmente utilizado para a navegação automática dos skimmers, o que consome mais tempo e bateria.

A deteção de ervas daninhas em massas de água interiores não tem sido muito focada na literatura existente. A maior parte da contribuição dos trabalhos de investigação é sobre ambientes marinhos e também detecta pequenos e grandes objectos como barcos, aves, bóias, etc.

2.6 Declaração do problema

As massas de água interiores, incluindo as massas de água em movimento, como os rios e os canais, e as massas de água paradas, como os lagos e as lagoas, desempenham um papel importante nas nossas vidas. Estas massas de água devem ser mantidas muito limpas, sem qualquer tipo de poluição química ou física.

No entanto, hoje em dia, estas massas de água estão a ser cada vez mais afectadas pela poluição de superfície, resultante da acumulação de detritos flutuantes não vegetais e do crescimento excessivo de infestantes aquáticas invasoras flutuantes em diferentes fases de crescimento. A presença de poluição superficial na superfície da água é um indicador visível da poluição interna. Esta poluição superficial está a criar problemas na utilização destas massas de água para o fim a que se destinam.

A eliminação da poluição de superfície é um problema grave que se coloca em todo o mundo. A manutenção da limpeza das massas de água implica essencialmente a remoção constante da poluição superficial. O controlo das ervas invasoras flutuantes é um grande desafio devido à sua taxa de crescimento mais rápida e às taxas mais elevadas de reinfestação. O crescimento pesado e excessivo de ervas daninhas é inicialmente eliminado com recurso a maquinaria pesada em terra e na água.

A subsequente rebentação das ervas daninhas, sob a forma de plantas isoladas flutuantes e de grupos de plantas mais pequenas, é removida com recurso a máquinas de escumação de lixo adequadas. A limpeza da superfície com maquinaria mecânica oferece várias vantagens únicas, como a ausência de mão de obra e o facto de consumir menos tempo, mas sofre de algumas limitações graves, como o elevado custo da maquinaria e das operações.

Existem vários modelos de escumadores de lixo disponíveis no mercado. No entanto, estes escumadores de lixo comerciais sofrem de várias limitações, tais como operações manuais e propulsão baseada em motores a gasóleo, que não são capazes de satisfazer os requisitos. A literatura refere vários protótipos de laboratório com características avançadas, como a navegação por controlo remoto, a alimentação por baterias recarregáveis, a navegação semi-autónoma por GPS, a monitorização por vários sensores e a deteção de obstáculos por visão. No entanto, muitas destas características avançadas ainda não foram implementadas em skimmers comerciais. O controlo da infestação de ervas daninhas invasoras de crescimento rápido exige operações de limpeza intensivas e frequentes, de forma contínua, durante períodos de tempo muito longos.

As massas de água interiores são geralmente administradas pelas autoridades civis locais, que não dispõem de fundos suficientes para efetuar operações de limpeza sustentadas a longo prazo. O elevado custo da maquinaria e das operações, a necessidade de operações de limpeza contínuas a longo prazo e a falta de fundos estão a criar sérias dificuldades à manutenção da limpeza das massas de água interiores

Consequentemente, a manutenção da limpeza das massas de água interiores está a tornar-se inviável e a causar danos ambientais. No entanto, as massas de água apresentam certas particularidades, tais como limites irregulares da região aquática, maior número de objectos flutuantes como barcos, aves a nadar, sombras e objectos não flutuantes como montes de lama. São montadas várias câmaras com um pequeno skimmer de superfície de baixo custo para fornecer capacidades visuais para a automatização. É necessário ter em conta a baixa altura da câmara e o baixo ângulo de visão. Em vários esquemas da literatura, verificou-se que estão a ser feitas várias tentativas para abordar a deteção da linha do horizonte e a deteção de objectos em cenários marítimos. Não há dúvida de que todas as técnicas existentes mencionadas na literatura têm um contributo significativo que ajuda os futuros investigadores potencialmente no ambiente das massas de água interiores.

No entanto, o ambiente das massas de água interiores é mais complicado, com edifícios altos, árvores, relva e pontes como pano de fundo, bem como perturbações naturais de reflexão da água, nevoeiro e vento, especialmente a ondulação da água causada pelas ondas. Assim, a segmentação automatizada da região aquática a partir da deteção da linha do horizonte que separa a região aquática da região não aquática, a deteção de objectos na região aquática, o cálculo da percentagem de ervas daninhas e a navegação automática são passos necessários para fornecer capacidades visuais à escumadeira.

2.7 Resumo

Na literatura, foi apresentada uma panorâmica dos métodos de deteção e remoção de ervas daninhas, da importância dos skimmers de lixo tripulados e não tripulados nas massas de água interiores e das implementações de projectos de skimmers de lixo controlados à distância. Foram revistos alguns dos métodos mais significativos para os métodos de deteção da linha do horizonte, métodos de deteção de objectos em massas de água interiores e no ambiente marinho. Conforme indicado na literatura, há necessidade de investigação neste domínio, para trabalhar no sentido da deteção de ervas daninhas em massas de água interiores para navegar com segurança o escumador de lixo não tripulado em ambientes lacustres complexos. Esta revisão resume as várias classes de algoritmos de deteção de linhas de água e de objectos desenvolvidos pelos investigadores pioneiros e descreve as novas vias para os futuros investigadores em escumadeiras de lixo baseadas na visão.

CAPÍTULO-3

ESCUMADEIRA DE LIXO COM CONTROLO REMOTO

3.1 Introdução

A infestação de massas de água interiores com ervas aquáticas invasoras é um problema importante que se coloca na Índia e noutros países de todo o mundo. A infestação de ervas daninhas cria problemas na utilização das massas de água para o fim a que se destinam. As massas de água fortemente infestadas são normalmente limpas com maquinaria pesada. No entanto, os pequenos fragmentos de ervas daninhas deixados na água tendem a crescer muito rapidamente e a cobrir toda a massa de água, geralmente no espaço de cerca de um mês.

A poluição da superfície, causada por ervas aquáticas invasoras flutuantes, é normalmente removida com escumadeiras. Os escumadores de lixo flutuam e movem-se na superfície da água e recolhem as ervas aquáticas flutuantes, o lixo e os detritos. Existem vários modelos de escumadeiras disponíveis no mercado. Além disso, a literatura refere vários protótipos laboratoriais de escumadeiras.

O sistema atual de trazer ou empurrar as ervas daninhas para a costa é geralmente feito por máquinas enormes, como mostra a Figura 3.1. Os principais inconvenientes do modelo são o elevado custo da máquina e a utilização de mão de obra especializada para operar essas máquinas. As autoridades municipais e os agricultores não podem pagar estas máquinas e o tamanho da máquina é enorme. Por isso, são necessárias escumadeiras pesadas para o transporte. São necessárias enormes quantidades de matérias-primas, como combustíveis, para fazer funcionar as máquinas durante apenas algumas horas.

Na Índia, o Plano de Ação Ganga (GAP) está a ser aplicado para limpar as águas residuais químicas e os resíduos flutuantes dos rios [100]. Para a recolha de resíduos, N. Ruangpayoongsak e J. Sumroengrit [38] desenvolveram um esquema de deteção e recolha de resíduos flutuantes para robôs de limpeza de superfícies através de um sensor laser e criaram um protótipo funcional utilizando um mecanismo de colher. Estão também a ser utilizadas muitas técnicas comerciais, como o drone aquático desenvolvido pela WasteShark[15] para resolver o problema.

A presente secção descreve o desenvolvimento de um modelo experimental de pequena dimensão de um escumador de lixo controlado remotamente (RCTS), para

57

efeitos de familiarização. O escumador de lixo controlado remotamente (RCTS) proposto tem como objetivo remover fisicamente das massas de água as ervas daninhas flutuantes jovens em crescimento, como as plantas de jacinto. Este RCTS poupa muita mão de obra, custos e, principalmente, evita a recorrência da infestação. Este veículo pode recolher ervas daninhas com peso até 8 kg, com menor consumo de bateria.

Fig 3.1: Modelo existente de escumadeiras de lixo

3.2 Desenvolvimento do modelo experimental de RCTS

Para colmatar as lacunas dos modelos existentes, são propostos RCTS económicos com características de controlo avançadas, como mostra a Fig. 3.2, que podem ser facilmente operados a partir de um dispositivo móvel. Esta conceção é inspirada no sistema implementado por Kader et al.[118] O robô move-se com a ajuda de duas hélices, que estão ligadas a um motor DC trifásico sem escovas. Uma aplicação móvel comunica com o RCTS através de Bluetooth e controla as hélices. A pessoa que opera a escumadeira deve aproximar a escumadeira da erva daninha usando o controle remoto, e a escumadeira a pegará. É direcionado para as ervas daninhas de forma a empurrá-las para a superfície da água utilizando a malha de ferro no fundo.

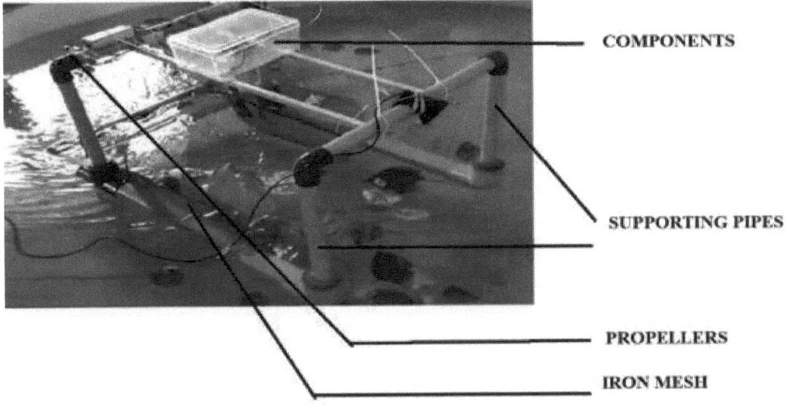

Fig 3.2 : O modelo desenvolvido para o RCTS.

3.2.1 Componentes e descrição

Os componentes de hardware necessários para o modelo de protótipo do escumador de lixo telecomandado (RCTS) são

a)   Microcontrolador Arduino UNO,

b)   Módulo Bluetooth,

c)   Controlador eletrónico de velocidade (ELC),

d)   Tubos de PVC,

e)   Motor DC sem escovas de 3 fases,

f)   Hélices,

g)   Malha de ferro,

h)   Bateria recarregável

a)   Microcontrolador Arduino UNO

A unidade de processamento central do RCTS é um microcontrolador Atmega2560 baseado no Arduino Uno. Todos os sinais de controlo são gerados pelo Arduino Uno, o que inclui o controlo do motor e a comunicação com a estação remota. Esta placa contém principalmente tudo o que é necessário para suportar o microcontrolador. Consequentemente, a alimentação desta placa pode ser efectuada através da comunicação com um PC por um cabo USB, uma bateria ou um adaptador AC-DC. Pode ser utilizada uma placa de base para proteger esta placa de uma descarga eléctrica inesperada. O módulo de comunicação Bluetooth é utilizado para ligar o

RCTS e o telemóvel. Uma aplicação móvel transmite comandos de velocidade e direção ao Arduino[102-106].

b) Módulo Bluetooth

É utilizado numa variedade de aplicações de consumo, como auscultadores sem fios, controladores de jogos, ratos sem fios, teclados sem fios e muito mais. Tem um alcance de até 50 m, dependendo do transmissor e do recetor, da atmosfera, das condições geográficas e urbanas. É um protocolo normalizado IEEE 802.15.1 que pode ser utilizado para criar uma rede de área pessoal (PAN) sem fios. Transmite dados pelo ar utilizando a tecnologia de rádio de espetro alargado com salto de frequência (FHSS). Comunica com dispositivos através de comunicação série. Comunica com o microcontrolador através da porta série (USART). O módulo Bluetooth HC-05 destina-se à comunicação sem fios. Este módulo pode ser utilizado como mestre ou escravo.

c) Controlador eletrónico de velocidade (ESC)

É um circuito eletrónico utilizado para alterar a velocidade de um motor elétrico, o seu percurso e também para funcionar como um travão dinâmico. Estes são frequentemente utilizados em modelos controlados por rádio que são alimentados eletricamente, sendo a mudança mais frequentemente utilizada para motores sem escovas, fornecendo uma fonte de energia de baixa tensão de energia eléctrica trifásica produzida eletronicamente para o motor. Um ESC pode ser uma unidade separada que se junta ao canal de controlo do recetor do acelerador ou unida ao próprio recetor.

Com base nos requisitos específicos, existem dois tipos de controladores electrónicos de velocidade: ESC com escovas e ECS sem escovas.

➢ Variador com escovas: O primeiro controlador eletrónico de velocidade, o Brushed ESC, já existe há vários anos. É muito barato para usar numa variedade de skimmers eléctricos com controlo remoto.

➢ Variador sem escovas: É o mais recente avanço tecnológico nos controlos electrónicos de velocidade. É também um pouco mais caro. Quando ligado a um motor sem escovas, transporta mais potência e tem um melhor desempenho do que os motores com escovas. Também pode durar mais tempo.

d) Tubos de PVC

O tubo de PVC (policloreto de vinilo) é um produto de tecnologia moderna que proporciona um serviço fiável e duradouro a uma vasta gama de utilizadores, incluindo empreiteiros, designers ou moderadores, fabricantes, serviços públicos e localidades de agricultura irrigada. As vantagens incluem leveza, flexibilidade, juntas estanques e versatilidade de conceção.

e)   Motor CC sem escovas de 3 fases

Os motores eléctricos de corrente contínua sem escovas (BLDC), também conhecidos como motores comutados eletronicamente (ECM, motores EC) ou motores de corrente contínua síncronos. Trata-se de motores síncronos alimentados por eletricidade CC através de um inversor ou de uma fonte de alimentação comutada, que gera uma corrente eléctrica CA para acionar cada fase do motor através de um controlador de circuito fechado. O controlador envia impulsos de corrente para os enrolamentos do motor, que controlam a velocidade e o binário do motor.

Os motores sem escovas têm uma relação potência/peso mais elevada, uma velocidade mais rápida e um controlo eletrónico superior aos motores com escovas. Os motores sem escovas são utilizados numa variedade de aplicações, incluindo periféricos de computador (unidades de disco, impressoras), ferramentas eléctricas portáteis e skimmers que vão desde modelos de aviões a automóveis.

f)   Hélices

As hélices REES52 Nylon, 10x4,5" são utilizadas principalmente em drones devido às suas vantagens inerentes. As hélices usadas debaixo de água têm algumas desvantagens, como a incapacidade de mover o skimmer se houver algum desperdício entre as hélices. Esta é a principal razão pela qual estamos a mudar para hélices relacionadas com motores de drones com altas rotações.

3.2.2 Diagramas funcionais do RCTS

A configuração RCTS desenvolvida utiliza uma plataforma flutuante do tipo duplo pontão formada por dois tubos de PVC de grande diâmetro alinhados paralelamente. Os dois tubos de base são interligados mecanicamente a partir do topo através de uma superestrutura construída sobre os tubos de base. Na parte da frente, os 2 tubos de base estendem-se ligeiramente para além da superestrutura, para facilitar a deteção do estado de carga total. Na parte da frente, está instalado um tubo vertical no meio do tubo transversal do topo da frente para facilitar a montagem de duas câmaras. Uma câmara servirá para detetar o estado de plena carga e a segunda câmara para recolher informações visuais ao longo do percurso de navegação. Na parte de trás, é instalado um tubo transversal a meia altura, para suportar a rede metálica que será instalada ao longo do limite interior.

Uma vez que o sistema é um RCTS aquático, o seu design deve ser resistente à água, aerodinâmico, leve e durável. O material escolhido para o corpo do RCTS é o cloreto de polivinilo (PVC), que não aumenta o peso do RCTS. As duas hélices de ar estão instaladas na parte de trás, no topo da superestrutura, a uma altura da superfície da água. Os motores de elevado binário accionam as hélices de ar, de modo a que as correntes de água não perturbem a navegação.

Num veículo RCSV em escala reduzida, a câmara é montada centralmente na extremidade dianteira, virada para baixo. A altura e a focagem da câmara são ajustadas para captar a região da superfície da água em torno da extremidade dianteira da lança em forma de "U". Assim, a câmara capta uma parte da parte da frente do espaço de recolha e uma parte da superfície da água que se encontra à frente ou à frente do escumador. Quando o escumador se desloca, as plantas aquáticas flutuantes que se encontram na trajetória de navegação do escumador deslocam-se para o espaço de recolha em forma de U do veículo. Espera-se que estas plantas que entram encham o espaço de recolha, começando pela parte de trás e enchendo em direção à parte da frente. Para detetar o estado de carga total, são desenvolvidos ou implementados algoritmos de processamento de imagem adequados para obter uma sequência de imagens que mostrem o processo de recolha de ervas daninhas do RCTS.

Os motores DC sem escovas são utilizados para fornecer a propulsão. A propulsão do veículo é alimentada por dois conjuntos de baterias de iões de lítio recarregáveis e leves, cada um dos quais acciona um motor de corrente contínua equipado com uma hélice. Os dois conjuntos de baterias são montados diretamente acima dos dois pontões, para garantir o equilíbrio físico. O controlador eletrónico de velocidade (ESC) é utilizado para controlar a velocidade dos motores de corrente contínua. Os módulos electrónicos de hardware para controlo e comunicações são montados centralmente no topo da estrutura da ponte. Para a recolha das ervas daninhas, é utilizada uma rede de ferro que é colocada no interior dos tubos. É utilizada uma interface de utilizador conveniente para efetuar comunicações utilizando o módulo Bluetooth HC-05.

O diagrama de blocos do RCTS é apresentado na fig. 3.3. O diagrama esquemático do modelo RCTS proposto é apresentado na fig. 3.4. O skimmer é constituído por uma estrutura semelhante a um casco duplo, em que os dois cascos estão ligados por um arco e utiliza dois motores de corrente contínua sem escovas alimentados por bateria com hélices pneumáticas para propulsão e hardware eletrónico para controlo da navegação e comunicação sem fios baseada em Bluetooth, permitindo o funcionamento a uma distância limitada. Destina-se a ser utilizado em massas de água de pequenas áreas quando controlado a partir de terra e em massas de água de grandes áreas quando controlado a partir de um barco. A lança em forma de U com malha na parte de trás da embarcação é utilizada para a recolha do lixo.

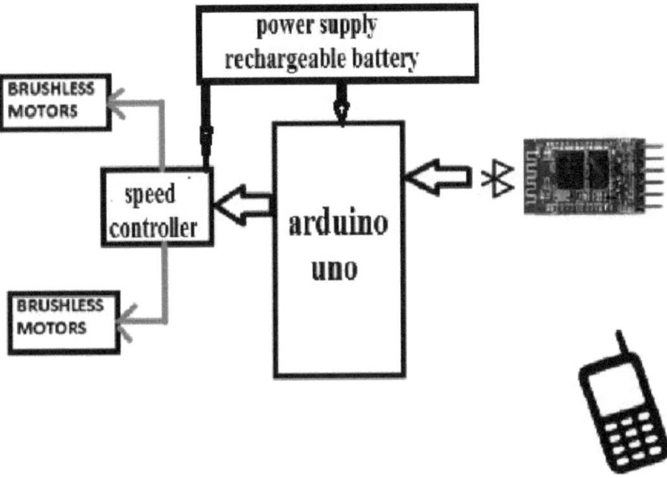

Fig 3.3: Diagrama de blocos do funcionamento do RCTS.

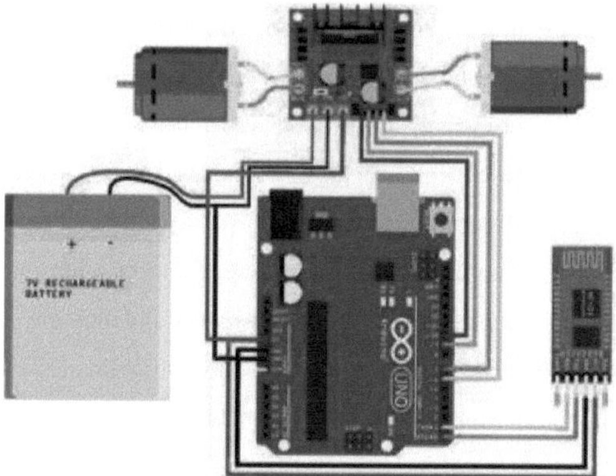

Fig 3.4: Diagrama esquemático do modelo proposto

3.3 Fabrico da estrutura mecânica

O modelo proposto baseado em RCTS foi fabricado em três fases.

3.3.1 Primeira fase de experimentação da RCTS:

São utilizados tubos de PVC de plástico porque são menos pesados e flutuam facilmente na água. Neste caso, são utilizadas 6 juntas em L e 2 juntas em T, como mostra a figura 3.5. Uma extremidade da barra é aberta para permitir que as ervas daninhas se acumulem no interior.

Fig. 3.5: Primeira fase de experimentação do RCTS

3.3.2 Segunda fase de experimentação da RCTS:

Todos os componentes são fixados no skimmer e este flutua no lago. O skimmer é operado com o telemóvel na experimentação e observou-se a natureza flutuante do skimmer na água do lago, como mostra a Fig. 3.6. Esta conceção funcionou perfeitamente para empurrar as ervas daninhas no interior do veículo através da água.

Fig. 3.6: Segunda fase de experimentação do RCTS

3.3.3 Terceira fase de experimentação do RCTS

A Fig. 3.7 mostra a terceira fase, que envolve a experimentação em ensaios no interior, porque é mais flexível do que os ensaios no exterior. Este método consiste em fixar uma malha à estrutura para aumentar a sua capacidade de recolha de ervas daninhas. Neste caso, utiliza-se uma malha de ferro porque é mais resistente à tração e confere rigidez ao modelo para recolher mais ervas daninhas. Mesmo a malha de ferro tem algumas desvantagens devido à sua natureza enferrujada. Esta pode ser controlada utilizando tinta como camada de revestimento. Todos os componentes são colocados numa caixa de plástico, para proteção em caso de afogamento. Nos ensaios em interiores, a câmara montada é utilizada para captar vídeo/imagem para desenvolver o próprio conjunto de dados da amostra.

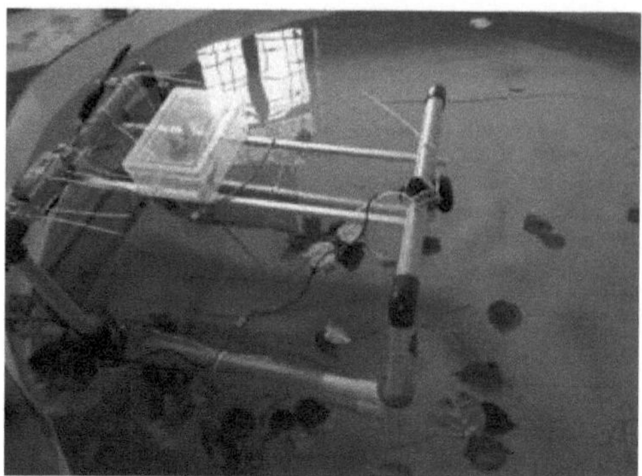

Fig. 3.7: Terceira fase de experimentação do RCTS

3.4 3 Verificação da viabilidade da estimativa da percentagem de recolha de ervas daninhas

A determinação da condição de carga total pode ser estimada a partir da análise de imagens. No RCTS, a câmara montada capta a imagem. A imagem é analisada com recurso a algoritmos de processamento de imagem e será calculada a condição de carga total do RCTS. A programação Python de CV aberto é utilizada para determinar o estado de carga total a partir do cálculo da percentagem de erva daninha[107,108]. O algoritmo de processamento de imagem inclui

a) Aquisição de vídeo

b) Conversão de vídeo em fotogramas

c) Deteção de ROI em cada fotograma

d) Recortar uma imagem ROI

e) Redimensionamento da imagem

f) Imagem RGB em imagem HSV

g) Deteção de objectos com base em valores de limiar [Hue,Saturation,Value] de cor verde

h) Conversão de imagem binária de deteção de objectos

i) Contagem de pixéis brancos e, por conseguinte, determinação do estado de plena carga.

3.5 Resultados e discussões

3.5.1 Aplicação móvel

Foi desenvolvida uma aplicação móvel baseada em Bluetooth, dedicada ao skimmer, que comunica com o sistema de controlo do skimmer e controla a direção e a velocidade das hélices.

3.5.2 Determinação da carga total a partir do algoritmo de processamento de imagem

O software OpenCV Python 3.8.0 é utilizado para implementar o algoritmo de processamento de imagem. O vídeo é adquirido a partir da câmara Logitech 3Mp montada no skimmer e o vídeo é convertido em fotogramas, sendo o tamanho de cada fotograma 720*1280.

a) Resultados para o quadro de amostragem 1

O quadro de amostragem de entrada1 é apresentado na Fig. 3.8a.

Fig 3.8a: Quadro de amostras de entrada1

A fig. 3.8b representa a região de interesse (ROI) na imagem de entrada, ou seja, a região onde a carga é recolhida. Após a seleção da ROI, a imagem é cortada, como mostra a fig. 3.8c. A imagem cortada é pré-processada com um filtro gaussiano de tamanho 5*5 para reduzir o ruído. A imagem RGB melhorada é convertida em imagem HSV.

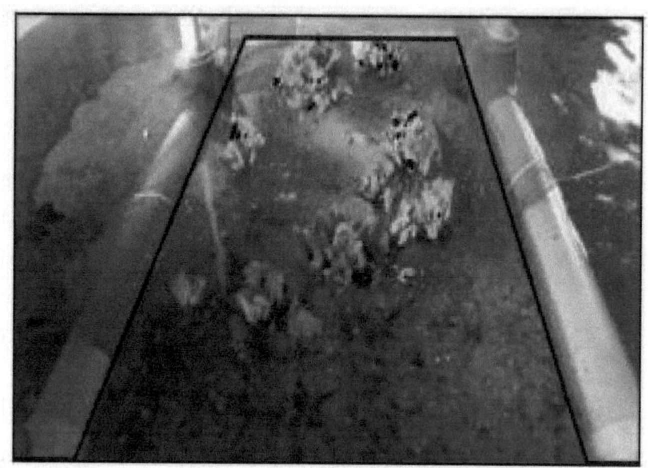

Fig 3.8b: Identificação da ROI

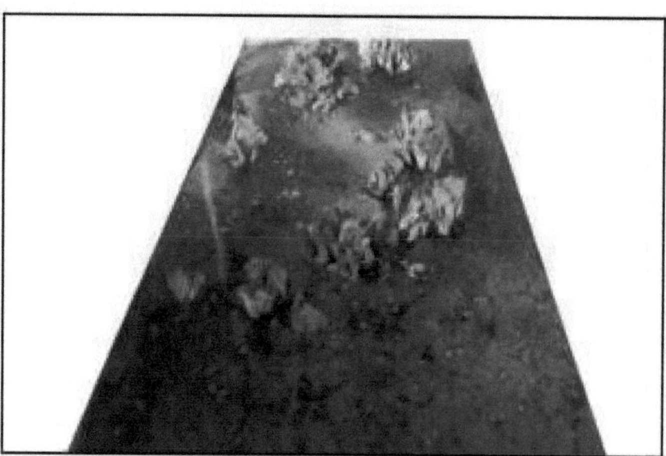

Fig 3.8c: imagem cortada com base na ROI.

Com base na gama de cores verdes dos valores limiares de Matiz, Saturação, Valor ou Intensidade, a erva daninha é segmentada da região da água, como mostra a Fig. 8d.

A Fig. 3.8e é a imagem binária da Fig. 3.8d. Os pixéis brancos são contados e, por conseguinte, a percentagem de erva é determinada a partir da equação (3.1) e é apresentada no quadro de entrada, como mostra a fig. 3.8f.

$$\text{Valor carregado} = \frac{Total\ number\ of\ white\ pixels}{total\ number\ of\ pixels\ in\ ROI} * 100\% \quad \text{---------(3.1)}$$

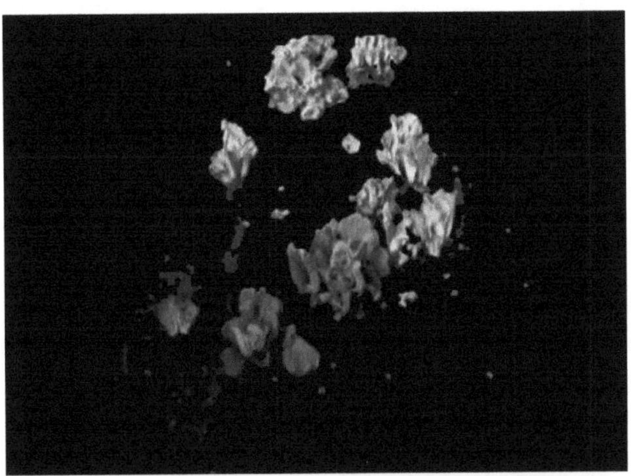

Fig 3.8d: Deteção de objectos (ervas daninhas)

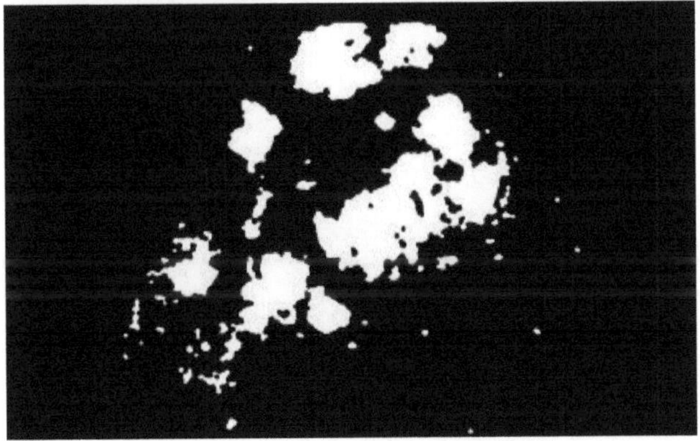

Fig 3.8e: imagem binária da fig 3.8d

Fig 3.8f: Determinação de ervas daninhas com valor de carga de 19,76%

b) Resultados para a estrutura da amostra 2

A Fig. 3.9a representa o quadro de amostragem de entrada 2 e a Fig. 3.9b representa a determinação da carga total da Fig. 3.9a, ou seja, 71,92%.

Fig 3.9a: Quadro de amostras de entrada 2

Fig 3.9b: Determinação de ervas daninhas com valor de carga de 71,92%

A capacidade máxima de recolha indica o peso máximo de ervas daninhas que podem ser recolhidas no espaço de recolha. Esta capacidade é determinada enchendo manualmente o espaço de recolha com plantas de jacinto individuais flutuantes, retirando as ervas daninhas recolhidas da água, deixando a água escorrer e pesando as ervas daninhas recolhidas. Com esta experiência, verificou-se que a capacidade máxima de recolha era de 8 kg.

Os RCTS propostos têm um custo de equipamento relativamente mais baixo e custos de funcionamento mais baixos, a limpeza de acompanhamento para controlar a reinfestação durante mais tempo, o funcionamento elétrico, que não produz ruído ou poluição, evita os riscos envolvidos na entrada física de pessoas nas águas da massa de água. As características dos RCTS desenvolvidos são apresentadas no Quadro 3.1.

Tabela 3.1: Características dos RCTS desenvolvidos.

Dimensão do escumador	95cm x 55cm x 50cm
peso do skimmer (sem carga)	7 kg
Carga máxima (ervas daninhas flutuantes)	8 kg
Duração da bateria	4 horas
Sistema de controlo da navegação	Manual remoto
Velocidade do motor	8000rpm a 35000rpm (variável)
Alcance do Bluetooth	50m (164 pés)

O modelo RCTS em escala reduzida tem uma capacidade de recolha limitada e não pode reter as ervas daninhas recolhidas quando o veículo em movimento pára subitamente. A distância máxima de funcionamento do controlo remoto do veículo é limitada devido à potência de transmissão do sistema de comunicações Bluetooth. O veículo deve ser operado muito abaixo da distância máxima de operação de 50 m para evitar a perda de controlo.

O RCTS proposto destina-se a ser utilizado em águas relativamente paradas, normalmente encontradas em massas de água interiores, como reservatórios, lagos e lagoas. Além disso, o veículo destina-se a funcionar sob condições de ventos lentos à superfície. O efeito da água corrente e dos ventos fortes à superfície não é considerado no presente trabalho.

3.6 Resumo

Desenvolveu-se um modelo experimental de pequena dimensão do RCTS e avaliou-se qualitativamente o seu desempenho. O escumador proposto será útil para a recolha e remoção de plantas infestantes aquáticas flutuantes em massas de água interiores. O escumador proposto será particularmente útil para efetuar a remoção de plantas de jacinto de água flutuantes em massas de água interiores, como parte da rotina de "monitorização e limpeza periódica" subsequente a uma grande limpeza efectuada com maquinaria. O skimmer também pode ser utilizado para a remoção de detritos leves e flutuantes, como garrafas de plástico, tampas de plástico, etc., em massas de água interiores.

CAPÍTULO-4

DETECÇÃO DA LINHA DO HORIZONTE

4.1 Introdução

Nas massas de água interiores, a deteção da linha do horizonte é uma segmentação automática da região da água a partir dos fotogramas de vídeo, excluindo as regiões de terra e de céu. A segmentação da região da água pode ser afetada por objectos internos e por objectos que se sobrepõem a regiões vizinhas. A cor da água nas massas de água interiores depende das partículas dispersas provenientes do solo subjacente e circundante. O skimmer autónomo baseado na visão deve aprender a reconhecer a água nas imagens. A segmentação da região de água será útil para limitar a análise às regiões de água. As imagens de vídeo captadas podem conter regiões de água, terra e céu. A partir da imagem completa, primeiro as regiões de água, terra e céu devem ser segmentadas. Em seguida, a região da água deve ser analisada em pormenor para segmentar os diferentes objectos da cena.

Como mostra a Fig. 4.1, o ambiente complexo das massas de água interiores é diferente do ambiente marinho. A inspeção visual da superfície da água no ambiente interior é difícil devido à presença da região aquática, das ondas, das ervas daninhas da água, da terra, das árvores, da relva, dos edifícios e do céu.

Fig 4.1a: linha mar-céu em ambiente marinho Fig 4.1b: linha água-terra-céu em ambiente lacustre terrestre

Nas massas de água interiores, os desvios típicos incluem movimentos da câmara, objectos que se movem a diferentes velocidades, alterações de iluminação, sombras, oclusões, cintilação das ondulações da água, alterações na direção e intensidade da luz solar [44,47].

As limitações dos métodos actuais incluem tempos de avaliação longos, linhas de horizonte que divergem do horizonte real, sensibilidade a objectos flutuantes perto do horizonte e erros provocados pela presença de uma grande variedade de arestas. Em contraste com as vistas do oceano, as cenas de lagos interiores não têm uma linha de horizonte reta.

De um modo geral, os métodos de deteção da linha do horizonte/linha de costa dependem de métodos baseados na projeção[52][53-56], na análise da intensidade[57][58], na análise estatística[59] e na combinação destes dois ou três métodos, designados por métodos híbridos[78].

Nos métodos baseados na projeção, para gerar um mapa de energia, aplica-se primeiro uma técnica de deteção de arestas. Depois, projectando as arestas resultantes para outro espaço paramétrico, determina-se a linha do horizonte ou a linha dominante. Os métodos mais simples e mais utilizados são a transformada de Hough e a transformada de Radon. No entanto, estes métodos falham frequentemente na deteção do horizonte quando este não é a linha mais dominante e consomem mais tempo de processamento. Os métodos baseados na variação da intensidade estimam primeiro o mapa de gradiente, que inclui a direção vertical. Em seguida, em cada coluna da imagem, são identificadas as arestas máximas e, utilizando as arestas máximas com técnicas de otimização, é prevista a linha de horizonte ideal. Estes métodos são o método dos mínimos quadrados e o método de programação dinâmica. Estes métodos simples sofrem de uma menor precisão quando existe uma linha de fronteira com uma alteração de intensidade mais elevada do que a linha prevista ou quando as linhas previstas são obscurecidas por objectos de grandes dimensões. O método baseado na análise estatística utiliza informações estatísticas locais para estimar a linha através do agrupamento de uma imagem em regiões de terra, água e céu. Também detecta um horizonte desfocado. Este método tem um tempo de computação mais longo.

Neste trabalho, são implementados dois métodos de deteção da linha do horizonte: (i) o método EBHT (Edge Based Hough Transform) e (ii) o método CBFM (Clustering Based Fast Marching) e comparados os seus indicadores de desempenho, o desvio da linha e o tempo de processamento. O primeiro método detecta o horizonte apenas como uma linha reta e o segundo detecta a linha exacta do horizonte.

4.2 Método da transformada de Hough com base nas arestas (EBHT)

A tentativa de encontrar mudanças discerníveis no contraste em duas dimensões é conhecida como deteção de bordos. Vários métodos de deteção de bordos são baseados em gradientes, detetor de bordos Canny, transformada de Hough (HT)[48-51] e descritos como

a) Método baseado em gradiente

 ➢ Suavização de imagens para redução de ruído.

 ➢ Utilizando derivadas de $1°$ ou $2°$ grau, detetar pontos de borda.

 ➢ Localização de arestas seleccionando os pontos de arestas candidatos que são verdadeiros membros do conjunto de arestas.

b) Detetor de bordos Canny

Este é o melhor, o operador Canny foi considerado o melhor detetor de bordos.

 ➢ Suavização da imagem utilizando o filtro Gaussiano; $C = F * G$

 ➢ Calcular a magnitude "M" e a direção "D" de C.

 ➢ Supressão de não-máximos: Determinar a direção $d_{k'}$ s que melhor aproxima a direção de D(x,y). Ao longo da direção d_k , verificar os dois vizinhos do pixel M[x,y]. Se M[x,y] for maior do que ambos os seus vizinhos, definir F[x,y] = M[x,y];

$$\text{caso contrário, } F[x,y] = 0.$$

 ➢ Dupla limiarização e ligação dos bordos: Após a operação de limiarização, todos os pixels fortes são assumidos como pixels de extremidade válidos e são imediatamente marcados como tal. No entanto, como esses pixéis têm lacunas, utilize métodos de ligação para ligar todas as arestas.

c) Transformada de Hough (HT)

A deteção de margens produz conjuntos de pixéis que se encontram na margem. Para os ligar, é utilizado o método HT, que tem o nome de Paul Hough e foi patenteado em 1962. É o método global de deteção de linhas mais utilizado. O HT transforma o espaço cartesiano (linha reta) em espaço paramétrico (curva parametrizada). Primeiro, aplica-se a máscara do filtro Gaussiano para suavizar uma imagem. Depois, utilizando o detetor de arestas Canny, extrai o mapa de arestas de uma imagem. Em seguida, o HT encontra o parâmetro ótimo da linha do horizonte a partir do mapa de arestas.

O método HT inclui normalmente os três passos seguintes para localizar linhas em imagens:

1) Aplicar a acumulação utilizando a imagem binária do bordo na matriz de acumuladores.

2) Procurar os valores de pico na matriz de acumuladores.

3) Verificar se os picos estão isentos de ruído e se pertencem efetivamente a linhas reais.

4.2.1 Algoritmo do método EBHT (Edge Based Hough Transform)

O algoritmo EBHT pode ser resumido da seguinte forma,

1. Adquirir o vídeo de entrada e, em seguida, extrair os fotogramas

2. Converter os fotogramas RGB a cores em fotogramas de intensidade de cinzento.

3. Melhorar este fotograma de intensidade de cinzentos utilizando um filtro gaussiano de suavização 9*9 com

desvio-padrão (DP) 2.

4. O detetor de arestas Canny é aplicado para detetar as arestas/mapa de arestas.

5. A transformada de Hough [HT] é aplicada ao mapa de arestas.

6. A partir do passo 5, encontre a linha mais longa, ou seja, a linha do horizonte desejada.

A vantagem da HT é o facto de não exigir que os pixels de uma única linha sejam contíguos. A HT pode ser preenchida ou detectada em linhas com pequenas lacunas ou quebras causadas por ruído e também é útil para detetar linhas em objectos parcialmente ocultos. As desvantagens da HT são a previsão de resultados errados quando os objectos são alinhados por acaso e as linhas previstas são em maior número, em vez de menor número de linhas com pontos finais definidos.

4.3 Método de Marcha Rápida Baseado em Clustering (CBFM)

O método proposto baseia-se num método híbrido que inclui a análise de clustering [43] seguida do método Fast Marching (FM). São utilizados dois clusters na região água-céu, enquanto que três ou mais clusters são utilizados na região água-terra-céu. A parte superior da imagem pertence à região do céu, enquanto a parte inferior pertence à região da água. O ponto de sementeira é escolhido na parte inferior da imagem (na região da água) e, por conseguinte, os clusters não pertencentes à região da água são segmentados a partir do método FM. A região detectada é extraída como a região da água desejada e o limite desta região replica a linha do horizonte. Para vários conjuntos de dados, o desempenho é analisado e comparado com o método EBHT.

O agrupamento é um método que define o número de objectos em k grupos com base na variação de intensidade. A semelhança de cada objeto com o ponto central de cada agrupamento é utilizada para separar regiões. Este é o algoritmo iterativo de divisão de dados de Lloyd. O algoritmo é descrito de seguida.

1. Escolher aleatoriamente o centro do agrupamento k.

2. Ao medir a distância euclidiana ao quadrado, como na equação (4.1), entre pixels, cada ponto centróide é avaliado. Assim, para cada centróide, todos os pontos calculam as distâncias centróide-ponto para centróide-agrupamento.

$$m(x, y) = (x-y)(x-y)' \text{-----------------------------} (4.1)$$

em que "x" é uma observação ou ponto e "y" é o centróide.

3. os pontos do centróide foram revistos. Isto é efectuado de duas formas.

> ➢ Atualização dos valores dos lotes, atribuindo cada valor "x" ao cluster com base no seu valor "y" mais próximo, com base na equação (4.2)

> ➢ Atualização dos valores em linha através da atribuição individual de "x" a um "y" diferente, quando a reatribuição for inferior à soma das distâncias dentro do agregado à soma dos quadrados das distâncias entre os centróides dos agregados, com base na equação (4.3)

4. Ao adicionar os novos valores 'y', os pontos de agrupamento são segregados em novos agrupamentos.

5. Repita estes passos até completar as formações de clusters ou até atingir o número máximo de iterações.

$$y_i(t) = \left\{ x_j : \| x_j - x_j\mu i(t) \| \leq \| x_j - \mu i * (t) \| \right\} \quad \dots\dots\dots(4.2)$$

Em que i : 1,2....,c & j : 1,2,......p

$$\mu i(t+1) = \frac{1}{|y(t)|} \Sigma_{x_j \in yi(t)}\, x_j \quad \dots\dots\dots(4.3)$$

Em que' y_i (t)' representa o i-ésimo agregado na iteração t

'x_j'   representa a colocação da amostra num dos agrupamentos e

' μ_i' representa o centroide do agrupamento.

O "k" ou "c" representa o número de clusters.

O "p" representa o número de pontos.

O algoritmo proposto combina o método de agrupamento com o método Fast Marching.

4.3.1 Algoritmo do método CBFM (Clustering Based Fast Marching)

O algoritmo proposto é resumido da seguinte forma

1. Adquirir o vídeo de entrada e, em seguida, extrair os fotogramas.

2. Determinar o tamanho da armação.

3. Converter o quadro de cor RGB em quadro HSV (Hue=H,Saturation -S,Value-V).

4. Para um fotograma HSV, segmentar k grupos com base nos valores S & V utilizando o método de agrupamento

5. Selecionar o ponto de sementeira "P".

6. Avaliar os pesos dos pixels com diferença de valor de intensidade a partir do ponto 'P'.

7. A matriz ponderada resulta na região segmentada (água).

8. O processamento morfológico é aplicado para eliminar as intensidades de pixéis indesejáveis.

9. A imagem segmentada é convertida em imagem binária e os limites da região são identificados.

10. A partir da linha de fronteira, extrair a linha do horizonte.

4.4 Resultados e discussões

4.4.1 Avaliação experimental

Os algoritmos propostos foram escritos em MATLAB 2018a e funcionam no espaço de cor RGB. Todas as experiências foram implementadas num computador portátil equipado com um CPU Intel Core i5, 8.ª geração, 8250U a funcionar a 1,60 GHz e 1,80 GHz.

4.4.2 Conjunto de dados

Para avaliar o desempenho do algoritmo, realizámos experiências com gravações de vídeo do Open Science Framework (OSF)[109] dos conjuntos de dados DS1 a DS5, bem como com o conjunto de dados de deteção de obstáculos marinhos (conjunto de dados MODD1)[110]. Criámos o nosso próprio conjunto de dados a partir de um modelo protótipo porque não existia um conjunto de dados realista e publicamente disponível de ervas daninhas, aves e pequenas embarcações num ambiente lacustre. Estes vídeos foram obtidos a partir do modelo protótipo RCTS.

Todos os fotogramas do OSF DS1-DS5 têm uma resolução de 480x640 píxeis e contêm aves, barcos, reflexos solares e ondas. O conjunto de dados MODD1 tem uma resolução de 480x640 píxeis e contém várias condições de navios, ondas de navios, reflexos solares e ondas. O conjunto de dados próprio tem uma resolução de 487x723 píxeis e inclui plantas flutuantes, aves e pequenos barcos.

4.4.3 Métricas de desempenho

O desempenho dos algoritmos deve ser corretamente avaliado e comparado com estas métricas. O tempo de processamento e o erro de desvio de linha (LDE) são duas métricas de desempenho normalizadas, comummente utilizadas para análise quantitativa.

i. Tempo de processamento: Também conhecido como tempo decorrido. O tempo de processamento é o tempo necessário para completar o algoritmo prescrito.

ii. Erro de desvio de linha (LDE)

A verdade terrestre (GT) da linha de costa exacta é tomada como Y na posição média da imagem, como mostra a Fig. 4.2. A diferença entre o parâmetro previsto (Y_o) pelo algoritmo e o parâmetro de verdade terrestre (Y) do horizonte é utilizada para medir o desempenho.

$$LDE = |Y - Y_o| \text{ píxeis.} \quad \text{-----------------------}(1)$$

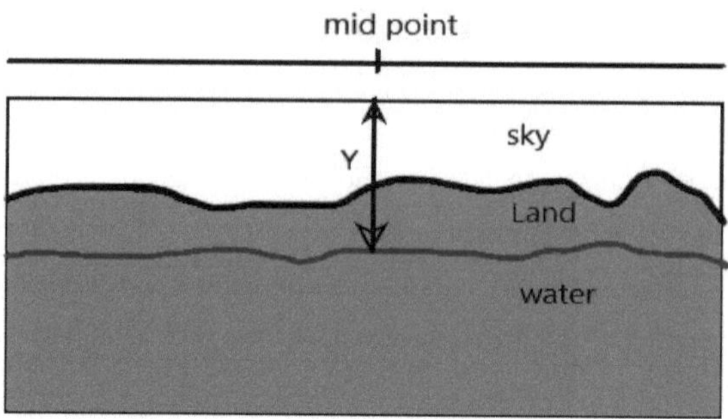

Fig 4.2: Anotação da verdade fundamental para o erro de desvio de linha

4.4.4 Resultados experimentais

O método de deteção da linha do horizonte proposto aumenta a precisão da deteção do horizonte e diminui o tempo de processamento. O redimensionamento da imagem de entrada para 1/4 aumentará a velocidade de um algoritmo 4 vezes mais rápido sem alterar a precisão. Para comparação do desempenho, os métodos EBHT e CBFM são analisados para diferentes conjuntos de dados.

a) Método EBHT:

O filtro Gaussiano suaviza a imagem de entrada. Em seguida, a imagem dos bordos é extraída utilizando o detetor de bordos Canny. Em seguida, a transformada de Hough (HT) é utilizada para encontrar o valor ótimo da linha do horizonte, ou seja, a linha dominante do mapa de bordos[46].

a) Método CBFM:

Ao aplicar a abordagem de agrupamento à imagem, este método escolheu o número de agrupamentos como k. A distância euclidiana ao quadrado foi utilizada para calcular a proximidade entre as intensidades de cor das regiões da água, da terra e do céu. Após o agrupamento, utilizando a técnica de marcha rápida, foram calculados pesos de diferença de valores de intensidade em escala de cinzentos a partir dos valores de intensidade nos pontos de semente para segmentar um objeto. A parte inferior da imagem deve ser praticamente toda água, uma vez que este skimmer flutua na água. Como resultado, a área central da última linha da imagem é selecionada como ponto de semente para separar o grupo de água dos outros grupos.

Com precisão e robustez, este método CBFM pode detetar a linha do horizonte. A Fig. 4.3a representa a imagem de entrada de amostra para observar a linha do horizonte nos métodos existente e proposto. As imagens de saída da linha do horizonte detectada são apresentadas nas Figs. 4.3b e 4.3c utilizando os métodos existente e proposto, respetivamente. A Fig. 4.3d descreve a comparação entre os métodos EBHT e CBFM (linha vermelha - método EBHT, linha amarela - método CBFM). Os resultados implementados mostram que o método CBFM tem um desempenho mais exato do que o método existente. A amostra de quadros de deteção de horizonte de diferentes conjuntos de dados é apresentada na Tabela 4.1, ilustrando que o método CBFM detecta com precisão a linha em cenas marítimas e lacustres. Mostra-se que a linha em EBHT é sempre rectilínea, com grandes variações de LDE. A linha resultante está quase mais próxima da linha do horizonte esperada no método CBFM com menos variações de LDE. O tempo de processamento por fotograma (em segundos) e o erro de desvio da linha (em pixéis) para cada método são apresentados na Tabela 4.2.

Fig 4.3a: Fotograma de amostra do próprio conjunto de dados - Imagem de entrada

Fig 4.3b: Deteção da linha do horizonte (linha verde) a partir do método EBHT existente.

Fig 4.3c: Deteção da linha do horizonte (linha amarela) a partir do método CBFM proposto.

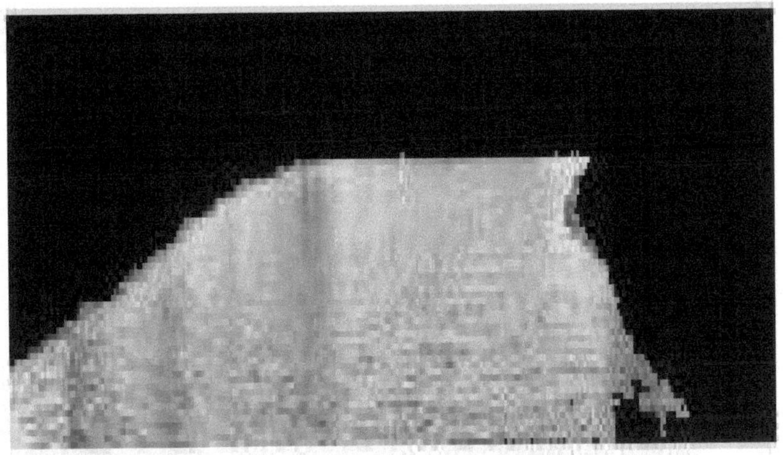

Fig 4.3d: Extração da região da água a partir da deteção da linha do horizonte com o método CBFM.

Fig 4.3e: Comparação entre os métodos EBHT e CBFM na deteção da linha do horizonte (linha vermelha - método EBHT, linha amarela - método CBFM).

Tabela 4.1: Quadros de amostragem de diferentes conjuntos de dados para deteção
da linha do horizonte

Conjunto de dados	Quadro de entrada	Deteção da linha do horizonte utilizando os métodos EBHT (linha verde) e CBFM (amarelo)
DS3		
DS4		

MOD D1-1
Amostra própria 1
Amostra própria2

Tabela 4.2: Tempo de processamento por fotograma (em segundos) e erro de desvio de linha (em pixéis)

Conjunto de dados	Tempo de processamento (em segundos)		Erro de desvio de linha (em pixels)		Tamanho da imagem	Redimensionamento da imagem
	EBHT	CBFM	EBHT	CBFM		
DS3	0.66	**0.5**	3	1	480x640	360x480
DS4	1.33	**1.15**	17	2	480x640	360x480
MODD1-1	0.73	**0.45**	34	1	480x640	360x480
Amostra própria 1	0.93	**0.71**	3	1	487x723	366x543
Próprio - Amostra 2	0.84	**0.57**	4	2	182x320	137x240

Em comparação com o método estabelecido baseado na deteção de margens e na transformada de Hough para a análise de vídeos marítimos, o método sugerido oferece uma linha do horizonte mais realista e uma execução comparativamente mais rápida. A abordagem criada divide os pixéis da imagem em dois grupos que correspondem ao céu e à água. A região da água é produzida utilizando a abordagem de marcha rápida e a metodologia de crescimento de regiões baseada em sementes, utilizando o pixel central da linha inferior como pixel de semente. A linha água-céu será fornecida pela linha do horizonte medida. Quaisquer objectos flutuantes perto do horizonte podem ser agrupados em zonas de céu ou de água com base na intensidade da cor, pelo que a linha do horizonte é alterada. Os pixéis da borda da região da água são indicados como a linha de horizonte desejada.

O método CBFM pode ser efetivamente utilizado para analisar vídeos de massas de água interiores em que a linha do horizonte inclui água e terra. Neste cenário, a imagem é separada em três grupos que correspondem a regiões de água, terra e céu. A linha do horizonte obtida representa o limite da região da água.

Tanto no cenário marítimo como no interior, a linha de horizonte obtida define com precisão a região aquática e pode ser utilizada para análises posteriores.

A primeira etapa para a análise eficaz dos objectos na água e para o funcionamento adequado deste escumador de lixo é a deteção da linha do horizonte. Após a deteção desta linha, o skimmer concentra-se apenas na área da água.

4.5 Resumo

O método CBFM estimou eficazmente a linha irregular ou desnivelada sem comprometer a velocidade. Este método CBFM é capaz de detetar linhas de horizonte rectas e curvas ou linhas de costa de água. A precisão da linha, estimada a partir do **erro de desvio da linha, é de cerca de 1 a 2 pixéis para o** método **CBFM** e é superior ao método EBHT existente, além de que este **método CBFM poupa tempo de execução de cerca de 0,15s a 0,2s por fotograma.**

O método EBHT detecta linhas de horizonte de uma forma mais geral. No entanto, não é capaz de estimar a linha exacta que não seja uma linha reta. Alguns métodos são utilizados para determinar a forma real do horizonte. No entanto, estes métodos complexos dependem de dados de pré-aprendizagem e são lentos. As câmaras topo de gama podem detetar a linha com precisão, mas são caras. Este **método CBFM detecta eficazmente a linha irregular**, mantendo a velocidade. A limitação do método CBFM é a previsão do número de clusters.

CAPÍTULO-5
DETECÇÃO DE OBJECTOS FLUTUANTES COM BASE NAS MARGENS

5.1 Introdução

Em comparação com os mares, os lagos são frequentemente ambientes fechados e de baixa energia, onde pode haver uma maior densidade de objectos flutuantes, como ervas daninhas, aves, pessoas ou barcos. Para que os escumadores de lixo funcionem de forma totalmente autónoma, ou não supervisionada, em lagos, a deteção de tais obstruções é uma necessidade básica. A deteção automatizada de objectos também ajuda o operador a garantir que o skimmer está a funcionar em segurança no modo supervisionado, em que uma pessoa o vigia enquanto está a ser utilizado.

A ROI (Region-Of-Interest) é definida como a região de água na imagem que se encontra geralmente abaixo da linha do horizonte. O passo seguinte consiste em utilizar algoritmos de segmentação da imagem para detetar objectos flutuantes e, consequentemente, ervas daninhas flutuantes. Os algoritmos de visão monocular apropriados e diferentes são revistos na literatura.

O sistema de segmentação de imagens baseado em matrizes de ocorrências e características temporais de Oren Gal [96] produziu resultados insatisfatórios, uma vez que só conseguiu segmentar um número limitado de cenas. As ondas, em massas de água interiores, são significativamente mais contrastadas e exibem padrões altamente irregulares. Este algoritmo só pode ser utilizado com skimmers de tamanho médio a pesado.

Guo et al. [96] forneceram muito pouca informação sobre o método de agrupamento baseado no tempo, e não se aplica a objectos arbitrários, sendo apenas adequado para bóias amarelas brilhantes.

A análise multiquadros discutida em Fefilatyev et al. [78] não pode ser aplicada num lago devido à baixa altura do sensor de visão, não considerando a região terrestre. Eles presumem que qualquer coisa para além do horizonte poderia ser um impedimento porque a sua aplicação é apenas para o mar aberto, mas num lago é bastante típico observar a margem acima da linha do horizonte.

88

O modelo de pré-treino mais dispendioso foi necessário para o algoritmo temporal baseado em GMM de Kristan et al. [98] e não é aplicável a massas de água interiores.

Wang et al. [88,89] desenvolveram um filtro de saliência no espaço de cor L*a*b lento e dispendioso, baseado nos pontos de caraterística do detetor de cantos Harris com o seguidor de características Lucas-Kanade para detetar possíveis objectos e verificou-se que o seu algoritmo de deteção de horizontes falha regularmente, o que limita a identificação dos objectos.

Ao utilizar uma técnica de processamento de imagens baseada em gradientes, Paccaud.P [99] sugeriu um algoritmo de identificação de obstáculos para ASVs baratos, compactos e instalados em lagos. A precisão deste algoritmo é de 94,6% e a sua recuperação é de 97,4% e os objectos são detectados em 2 a 3 segundos. Este algoritmo de segmentação Paccaud (PSA) baseia-se num algoritmo de processamento de imagens baseado em gradientes de intensidade e o operador de gradiente Sobel é utilizado para detetar operadores de gradiente. A exatidão é de cerca de 95%.

O gradiente de intensidade na ROI (região da água) é causado por ondas de água, reflexos de luz ou partículas flutuantes. Neste método, o gradiente é tomado como uma métrica para discernir padrões de água de verdadeiros objectos flutuantes. O gradiente ao longo do eixo x representa os objectos na água, enquanto o gradiente ao longo do eixo y representa os padrões de água.

Os objectos flutuantes na região da água serão detectados com maior precisão com o algoritmo de segmentação Paccaud Modificado (MPSA) proposto, que calcula o gradiente de intensidade de cinzento utilizando o Operador de Gradiente Central de Diferença Finita em vez do Operador de Gradiente Sobel convencional que é utilizado no algoritmo de segmentação Paccaud (PSA).

5.2 Método existente: Deteção de objectos com PSA

O operador Sobel é utilizado num algoritmo de deteção de objectos para realizar um parâmetro de gradiente espacial 2D e identificar os valores do gradiente x e do gradiente y numa imagem. Com esta métrica, os bordos e as partes de grande frequência espacial de uma imagem são realçados. Em cada ponto de uma imagem de entrada em escala de cinzentos, o operador de gradiente é utilizado para calcular a magnitude absoluta do gradiente. Como se pode ver na Figura 5.1, este operador contém dois núcleos de convolução 3*3.

-1	0	1
-2	0	2
-1	0	1

-1	-2	-1
0	0	0
1	2	1

Fig 5.1: 3*3 operadores-kernels Sobel a) operador de gradiente x, G_x b) operador de gradiente y, G_y

Um gradiente é um vetor das derivadas parciais da imagem, f(x,y), [$\frac{df(x,y)}{dx}$, $\frac{df(x,y)}{dy}$] . É a direção e o declive da subida mais íngreme do mapa de altura. A magnitude absoluta do gradiente em cada posição e a sua orientação são calculadas através da combinação do gradiente x (Gx) e do gradiente y (Gy). A equação (5.1) é utilizada para calcular a magnitude e a direção do gradiente (5.2).

$$|G| = \sqrt{G_x^2 + G_y^2} \approx |Gx| + |Gy| \text{--------}(5.1)$$

$$\angle G = \tan^{-1}\frac{G_y}{G_x} \text{----------} (5.2)$$

O operador Sobel é um método de deteção de arestas simples que permite um cálculo rápido das arestas. No entanto, este método é sensível ao ruído e os pontos de gradiente da direção diagonal nem sempre são preservados. Devido ao reconhecimento de arestas rugosas e espessas, que não produzem os resultados desejados, a deteção de arestas não é particularmente fiável e mais precisa.

5.3 Método proposto: Deteção de objectos com MPSA

Para melhorar a precisão do método de deteção, para regiões com espaçamentos diferentes (uniformes ou irregulares), o método da diferença central calcula o valor do gradiente utilizando a equação de diferenças precisas de segunda ordem (5.2). Trata corretamente os valores de gradiente x e y de regiões com espaçamento irregular. A Figura 5.3 mostra os núcleos.

Equação de diferença central finita

$$= \frac{f(x+h)-f(x-h)}{2h} \quad \text{na direção x}$$

$$= \frac{f(y+h)-f(y-h)}{2h} \quad \text{na direção y} \text{------- (5.3)} \Bigg\}$$

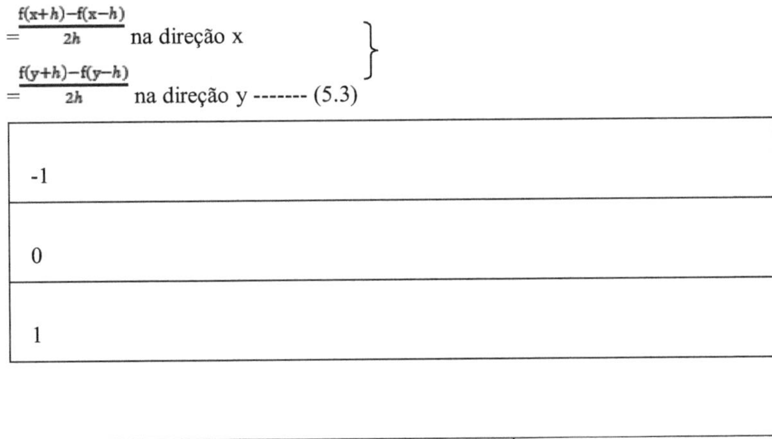

Fig. 5.2: Núcleos do operador de diferenças centrais finitas a) gradiente x, Gx b) gradiente y, Gy

O diagrama de blocos do MPSA é ilustrado na fig. 5.3. O ruído numa imagem em tons de cinzento é reduzido por um filtro de suavização gaussiano 3*3. O operador de gradiente é utilizado para obter o gradiente direcional de uma imagem ao longo dos eixos x e y separadamente.

Um valor de limiar mínimo (th1) nas imagens reduz o ruído e os pixéis de gradiente baixo. Uma vez que a forma do objeto é inconsistente após o limiar, obtém-se uma forma refinada utilizando um filtro mediano e um operador de suavização gaussiano com um tamanho de janela de 45*45 pixels e um desvio padrão (SD) de 8.

A deteção de bordos horizontais é melhorada multiplicando a imagem resultante pela magnitude do gradiente. Finalmente, é utilizado outro limiar (th2) para melhorar os objectos. A imagem é então suavizada utilizando o filtro mediano, e os objectos são recuperados utilizando o método de preenchimento de inundação de 4 vizinhos.

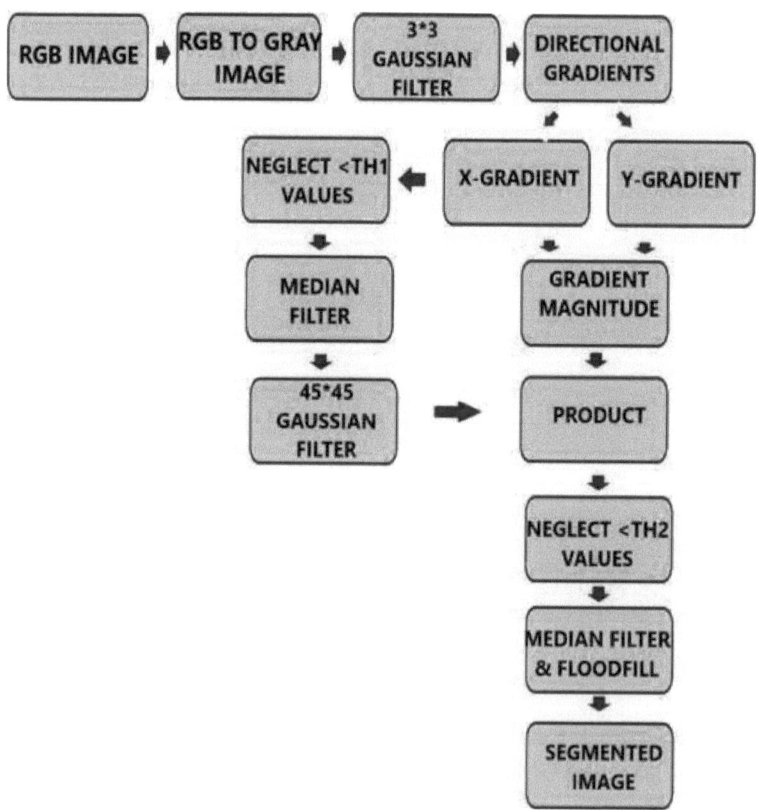

Fig. 5.3: Diagrama de blocos do algoritmo de deteção de objectos MPSA proposto.

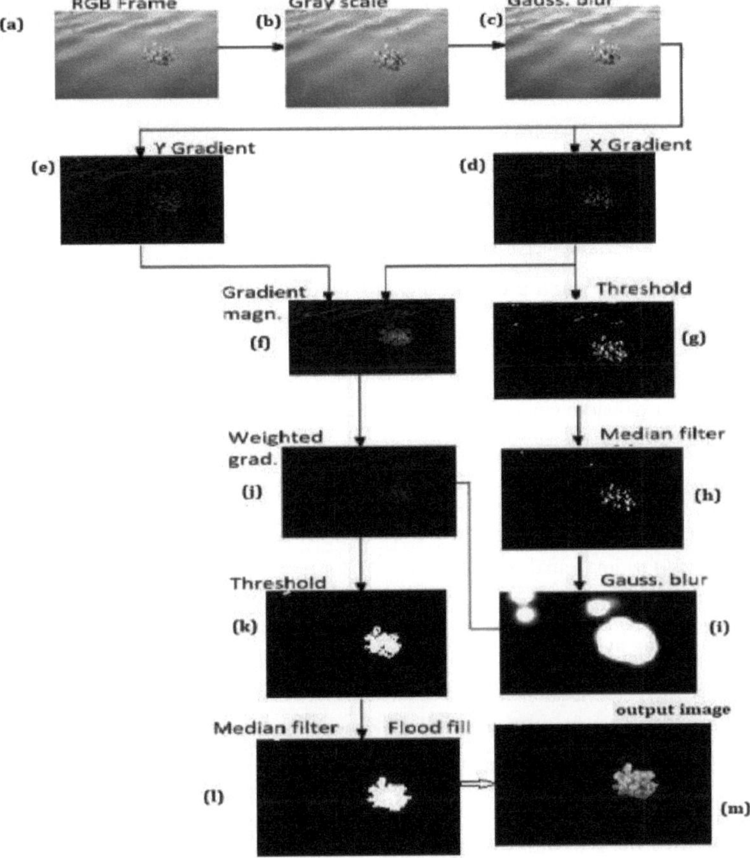

Fig. 5.4: Resumo do algoritmo de deteção de objectos MPSA.

O resumo do algoritmo MPSA proposto é ilustrado na Fig. 5.4: (a) a entrada é uma imagem RGB (b) RGB para nível de cinzento (c) e aplica-se o filtro Gaussiano com máscara 3 * 3 (d-e) aplica-se o operador de gradiente - operador central de diferença finita nos eixos x e y (f) calculam-se os gradientes direccionais. É aplicado um limiar de percentil ao gradiente do eixo x (g). O valor do limiar th1 é escolhido de modo a reduzir o ruído e os pixéis de baixo gradiente nas imagens. (h) Após a limiarização, o objeto detectado é inconsistente com a forma do objeto, pelo que a forma é refinada através de uma primeira filtragem mediana (i), convolve-se este resultado com uma máscara Gaussiana 45*45 com SD 8 (j). multiplica-se elemento a elemento o resultado da magnitude do gradiente (f), que realça os pixéis de gradiente em (g), (k) aplica-se o limiar th2 (l) aplica-se o filtro mediano e o algoritmo de enchimento de 4 vizinhos para suavizar e recuperar a mancha.

5.3.1 Algoritmo para a deteção de objectos MPSA

1. Adquire o vídeo de entrada e converte-o em fotogramas.
2. Converter o quadro de cor RGB em quadro cinzento.
3. Suavizar o quadro cinzento com um filtro gaussiano de 3*3 kernel.
4. Utilizando o operador de diferenças centrais finitas, determinar a magnitude e a direção do gradiente.
5. Para remover o ruído e as variações de gradiente baixas, aplique o valor de limiar (th1=25) na imagem de gradiente x.
6. Os filtros Median e Gaussian são aplicados à imagem resultante.
7. Imagem da magnitude do gradiente do produto com a imagem resultante.
8. O valor de limiar (th2=150) é aplicado à imagem do produto.
9. Suavizar a imagem resultante utilizando o filtro mediano e transformando-a com o algoritmo de preenchimento por inundação para obter os objectos ou manchas desejados.

5.4 Resultados e discussões

5.4.1 Avaliação experimental

Os algoritmos propostos são escritos em MATLAB 2018a e funcionam no espaço de cor RGB. Todas as implementações são efectuadas num computador portátil equipado com um CPU Intel Core i5, 8.ª geração, 8250U a 1,60GHz e 1,80GHz.

5.4.2 Conjunto de dados

Realizámos experiências com o nosso próprio conjunto de dados. O conjunto de dados tem uma resolução de 487x723 pixéis e inclui ervas daninhas flutuantes, aves e pequenos barcos.

5.4.3 Anotação da verdade fundamental

A verdade terrestre (GT) da deteção de objectos é feita pelo método de segmentação manual. Os objectos na região da água são preenchidos com pixéis de cor branca e a região do fundo é preenchida com pixéis de cor preta.

5.4.4 Métricas de desempenho

As métricas de desempenho [111-113] geralmente utilizadas para a análise quantitativa são a exatidão, a recuperação-REC (ou sensibilidade ou taxa de verdadeiros positivos), a precisão- PRE (valor preditivo positivo), a medida-FM, a especificidade-SP (ou taxa de verdadeiros negativos), a taxa de falsos positivos -FPR, a taxa de falsos negativos -FNR e a percentagem de classificações erradas -PWC. Estas métricas são definidas a partir das equações (5.4) a (5.11). Estas métricas baseiam-se nas quatro quantidades seguintes [84,85]: considerar o primeiro plano como FG e o fundo como BG.

➢ Verdadeiros positivos, TP -Número de pixels FG corretamente detectados.

➢ Falsos positivos, FP - Número de pixels BG incorretamente detectados como pixels FG.

➢ Negativos verdadeiros, TN - Número de pixels BG corretamente detectados.

➢ Falsos negativos ou falhas, FN- Número de pixels FG incorretamente detectados como pixels BG.

a) Precisão: é definida como a percentagem de pixels corretamente detectados.

$$\text{Precisão} = 100 * \frac{TP+TN}{TN+TP+FP+FN} \text{-----------------------(5.4)}$$

b) Recuperação: É o rácio entre os pixels de FG corretamente identificados e o número de pixels de FG no GT .

$$REC = \frac{TP}{TP+FN} \text{----------------------(5.5)}$$

c) Precisão: É o rácio entre o número de pixels de FG corretamente detectados e o número total de pixels de FG detectados pelo algoritmo.

$$PRE = \frac{TP}{TP+FP} \text{-----------------(5.6)}$$

Uma baixa recuperação indica que o algoritmo segmentou excessivamente o objeto FG, enquanto um baixo PRE indica que o objeto FG foi subsegmentado.

d) F-Measure (FM): É uma medida de qualidade que quantifica a semelhança entre a imagem de deteção de FG resultante e a imagem GT. A média ponderada do REC e do PRE é FM. Uma FM maior dá um bom algoritmo de subtração de BG.

$$FM = \frac{2*RECALL*PRECISION}{RECALL+PRECISION} \quad \text{-----------------------(5.7)}$$

e) Especificidade (SP): representa a percentagem de pixels BG corretamente detectados.

$$SP = \frac{TN}{TN+FP} \quad \text{----------------------(5.8)}$$

f) Taxa de falsos positivos (FPR): É o rácio entre o número de pixels BG incorretamente detectados como pixels BG pelo algoritmo e o número de pixels BG no GT.

$$FPR = \frac{FP}{TN+FP} \quad \text{----------------------(5.9)}$$

g) Taxa de falsos negativos (FNR): É o rácio entre o número de pixels FG incorretamente detectados como pixels BG pelo algoritmo e o número de pixels BG no GT.

$$FNR = \frac{FN}{FN+TP} \quad \text{----------------------(5.10)}$$

h) Percentagem de classificação incorrecta (PWC): É definida como a percentagem de pixéis detectados erradamente.

$$PWC = 100*\frac{FN+FP}{TN+TP+FP+FN} \quad \text{----------------------(5.11)}$$

5.4.5 Resultados experimentais

A tabela 5.1 ilustra a forma como o algoritmo proposto baseado em gradientes detecta o objeto para várias amostras e compara-o com imagens GT utilizando os algoritmos de deteção de objectos PSA e MPSA. Devido às arestas espessas e irregulares que aparecem nas imagens de saída, verificou-se que o PSA proporciona um reconhecimento de arestas menos fiável. Uma vez que o MPSA fornece uma deteção mais precisa, a região da água quase nunca aparece nas imagens de saída finais. Quando um item está muito próximo ou há reflexos do sol na imagem, o algoritmo PSA reporta falsos positivos (FPs) na contagem de objectos, como se pode ver na Fig. 5.6.

Por conseguinte, a contagem total de objectos é erradamente prevista como 3 na fig. 5.6c. Na Fig. 5.6 e na Fig. 5.7, o algoritmo de deteção de linhas de horizonte proposto, tal como discutido no capítulo 4, é aplicado às imagens de entrada, Fig. 5.6a e Fig. 5.7a, e os resultados obtidos são os das Fig. 5.6b e Fig. 5.7b, respetivamente.

Mas, no MPSA proposto, devido à melhoria da precisão que detectou os objectos ocluídos com precisão, a contagem de objectos é identificada corretamente como 4, mostrada na fig. 5.7. A tabela 5.2 ilustra os resultados da comparação entre a deteção de objectos PSA e MPSA. Observa-se que o MPSA dá melhores resultados quando comparado com o PSA. O tempo de processamento também está incluído na Tabela 5.2, o que mostra que o MPSA demora menos tempo. A análise do desempenho das métricas é apresentada nos gráficos da fig. 5.5 (a) a (g).

Tabela 5.1: Resultados da deteção de objectos com a imagem verdadeira, com PSA e MPSA.

Amostras	Imagem de entrada	Imagem do solo verdadeiro	Imagem de saída com SPA	Imagem de saída com MPSA
Amostra 1				
Amostra 2				

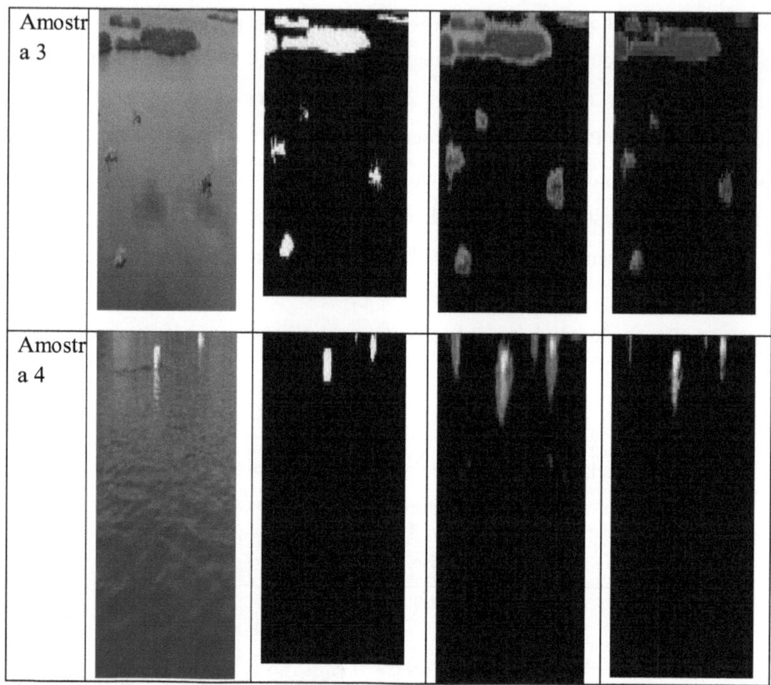

Tabela 5.2: Comparação dos algoritmos de deteção de objectos -PSA e MPSA com métricas de desempenho

MÉTRICAS DE DESEMPENHO	AMOSTRA1		AMOSTRA2		AMOSTRA3		AMOSTRA4	
	PSA	MPSA	PSA	MPSA	PSA	MPSA	PSA	MPSA
PRECISÃO (%)	97.7	**99.5**	99.4	**99.9**	95.2	**98.6**	97.2	**99.5**
RECORDAR	0.959	**0.998**	0.956	**0.996**	0.8913	**0.981**	0.976	**1**
ESPECIFICIDADE	0.976	**0.998**	0.995	**0.999**	0.95	**0.9918**	0.972	**0.995**
TAXA DE FALSOS POSITIVOS (FPR)	0.02	**0.002**	0.0054	**0.00066**	0.0499	**0.00819**	0.027	**0.004**

TAXA DE FALSOS NEGATIVOS (FNR)	0.04	**0.002**	0.0442	**0.0036**	0.10866	**0.019**	0.237	**0**
PERCENTAGEM DE CLASSIFICAÇÕES ERRADAS (PWC)	0.022	**0.004**	0.00537	**0.0014**	0.0478	**0.0143**	0.0272	**0.004**
PRECISÃO	0.746	**0.962**	0.788	**0.9618**	0.5933	**0.877**	0.197	**0.529**
F-MEDIDA	0.854	**0.96**	0.879	**0.9588**	0.7394	**0.884**	0.33	**0.686**
TEMPO DE PROCESSAMENTO (EM SEGUNDOS)	1.75	1.43	1.47	**1.43**	1.47	**1.43**	1.44	**1.40**

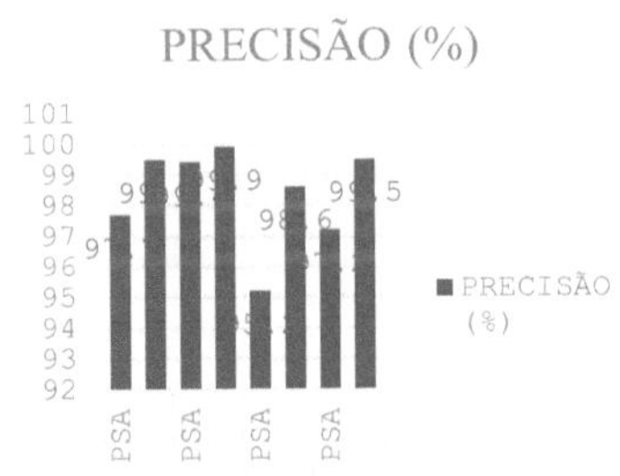

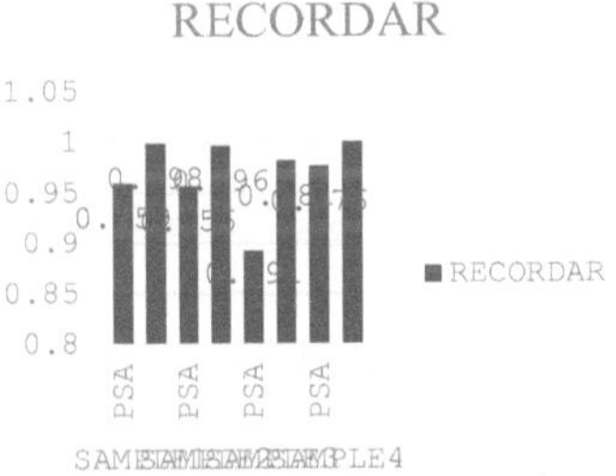

Fig. 5.5a: Análise do desempenho da exatidão

Fig. 5.5b: Análise do desempenho da recuperação

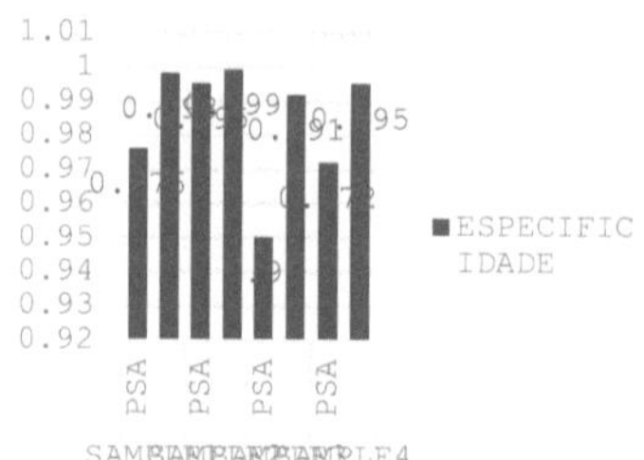

Fig. 5.5c: Análise do desempenho da especificidade

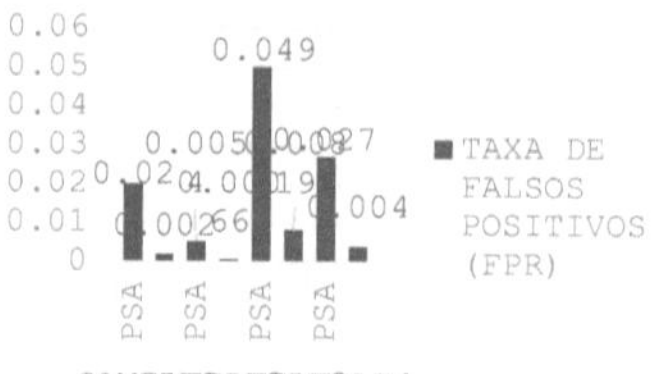

Fig. 5.5d: análise do desempenho da taxa de falsos positivos

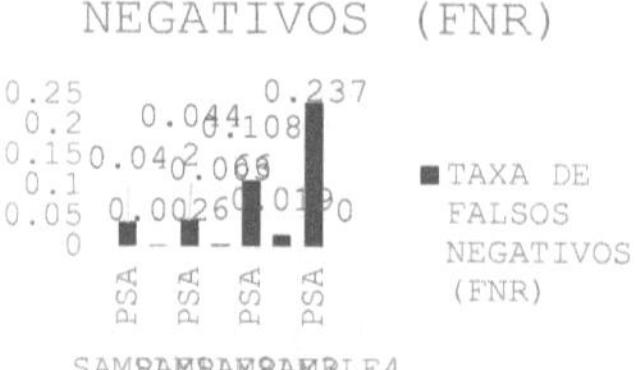

Fig. 5.5e: Análise do desempenho da taxa de falsos negativos

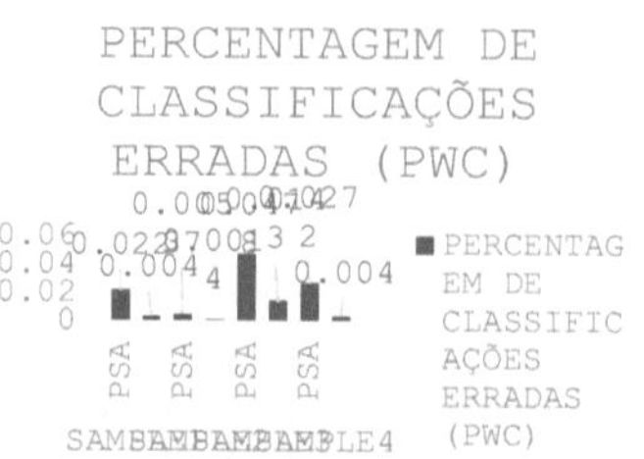

Fig. 5.5f: Análise do desempenho do PWC

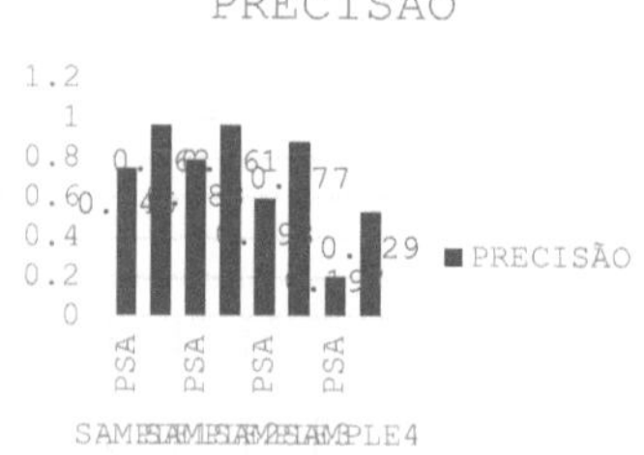

Fig. 5.5g: Análise do desempenho da precisão

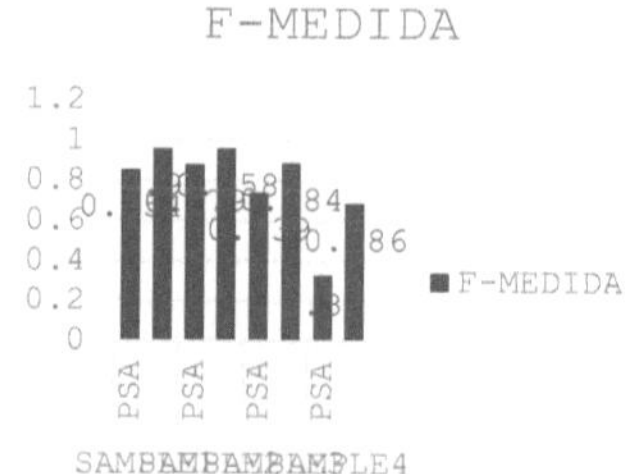

Fig. 5.5h: análise do desempenho da medida F

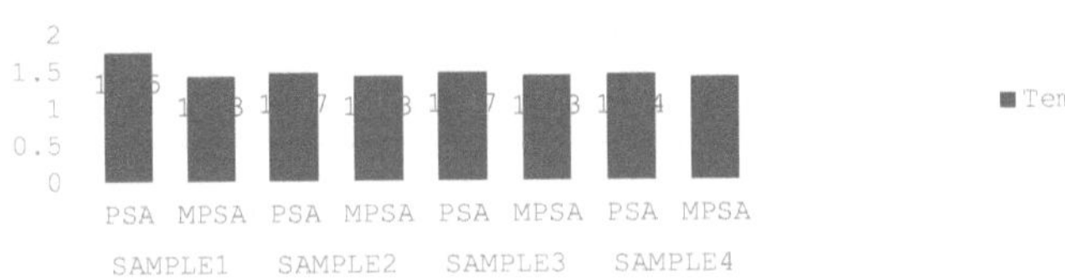

Fig. 5.5 i: Análise do desempenho do tempo de processamento (em segundos)

Fig :5.5 (a) a (i): análise do desempenho de todas as métricas.

Fig 5.6: (a) (b) (c)

a) quadro de amostra b) deteção de objectos na região ROI (água) utilizando o método de deteção da linha do horizonte e o método PSA existente c) quadro de saída. contagem de objectos: 3

Fig 5.7: (a) (b) (c)

a) quadro de amostra b) deteção de objectos na região ROI (água) utilizando o método de deteção da linha do horizonte e o método MPSA c) quadro de saída. contagem de objectos: 4

5.5 Resumo

A deteção de ervas daninhas para escumadeiras de lixo baratas no complicado ambiente das águas interiores é apresentada como uma abordagem inovadora, precisa e eficaz. É utilizada uma técnica de deteção de objectos baseada em gradientes para encontrar objectos na região da água em massas de água interiores. Com base no método MPSA sugerido, consegue-se uma deteção precisa de objectos. O sistema proposto detecta objectos em 1,43 segundos com uma elevada exatidão de 99,5 por cento, pontuações de precisão e de recuperação de 96,2 por cento e 99,8 por cento, respetivamente, para a amostra 1 no próprio conjunto de dados.

CAPÍTULO-6
DETECÇÃO DE BORDOS BASEADA NA COR

6.1 Introdução

Os skimmers de lixo não tripulados oferecem uma série de benefícios para a gestão de infestações. No entanto, o alcance da visibilidade do operador na margem restringe a distância máxima de operação destes skimmers telecomandados. Utilizando dados sensoriais adicionais, tais como coordenadas GPS de um módulo GPS, visualização de vídeo em direto das imediações do veículo a partir de uma câmara de bordo e detalhes visuais das imediações através da análise automática do vídeo das imediações, o veículo pode ser dotado de características mais autónomas para aumentar a distância operacional.

A funcionalidade GPS permite um modo de navegação baseado em pontos de passagem onde o skimmer navega sequencialmente através de pontos de passagem especificados pelo utilizador. No entanto, a recolha eficiente de ervas daninhas num lago pode não ser garantida pela navegação através de poucos pontos de passagem. Adicionalmente, a capacidade de GPS é tipicamente utilizada para criar um padrão de navegação tipo grelha para uma varredura completa de todo o corpo de água. Se as ervas daninhas estiverem uniformemente dispersas por toda a massa de água, a navegação baseada em GPS ao longo do padrão de caminho tipo grelha pode ser bem sucedida.

Mas se as ervas daninhas estiverem espalhadas por toda a massa de água de forma arbitrária e fina, a navegação pode tornar-se bastante difícil. Consequentemente, para os escumadores de lixo não tripulados, o desempenho da recolha é grandemente influenciado pelo plano de navegação. Por conseguinte, o desenvolvimento de técnicas de navegação automatizadas mais eficazes [31,64] é necessário para melhorar a recolha de ervas daninhas.

6.2 Sistema de deteção de ervas daninhas baseado na segmentação de bordos baseada na cor

É sugerida uma estratégia de segmentação de bordos baseada na cor para a recolha eficaz de ervas daninhas aquáticas que flutuam livremente, com base nos factos acima referidos. A técnica pressupõe que as ervas daninhas são de cor verde e estão presentes como plantas isoladas, flutuando livremente ou em pequenos grupos.

Uma câmara é instalada a uma altura na parte da frente do escumador de lixo não tripulado. Consequentemente, nos skimmers de lixo não tripulados, o plano de navegação tem um impacto significativo na eficácia da recolha. Por conseguinte, é necessário o desenvolvimento de técnicas de navegação automatizadas mais eficazes para melhorar a recolha de ervas daninhas. O vídeo em câmara lenta da superfície da água muito à frente do veículo é continuamente gravado pela câmara enquanto este se desloca.

Com base na tonalidade verde das ervas daninhas, os quadros de vídeo individuais são examinados para identificar as áreas onde elas estão presentes. Considera-se que as partições esquerda, direita e direita estão igualmente espaçadas ao longo da largura do fotograma. Para as partições esquerda, direita e direita, calcula-se a proporção de pixels ocupados por ervas daninhas verdes. Dependendo da divisória que tiver a maior quantidade de ervas daninhas, o veículo é apontado para a esquerda, para a frente ou para a direita. Esta técnica é útil para recolher plantas isoladas que flutuam livremente, bem como pequenos grupos de plantas que flutuam à superfície da água. Depois de cortar os tapetes de plantas emaranhadas em grupos mais pequenos com um cortador, as plantas emaranhadas também podem ser recolhidas. A abordagem sugerida aumenta o desempenho da recolha, preservando a vida útil da bateria e o tempo. O algoritmo proposto distingue as ervas daninhas flutuantes de outras coisas, como aves, barcos, madeira, etc., consoante a sua cor.

As três partes das percentagens de cobertura de ervas daninhas fornecem informações que o skimmer pode utilizar para navegar automaticamente. A área com a maior percentagem de cobertura indica a direção que o escumador deve seguir para recolher as ervas daninhas. Se não houver ervas daninhas, de acordo com o cálculo da percentagem de ervas daninhas, o skimmer não se moverá nessa direção e, portanto, consome menos tempo e melhora a vida útil da bateria, o que é ilustrado na fig. 6.1.

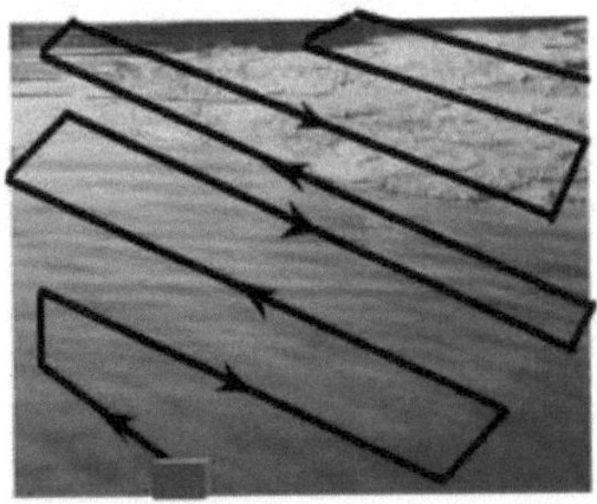
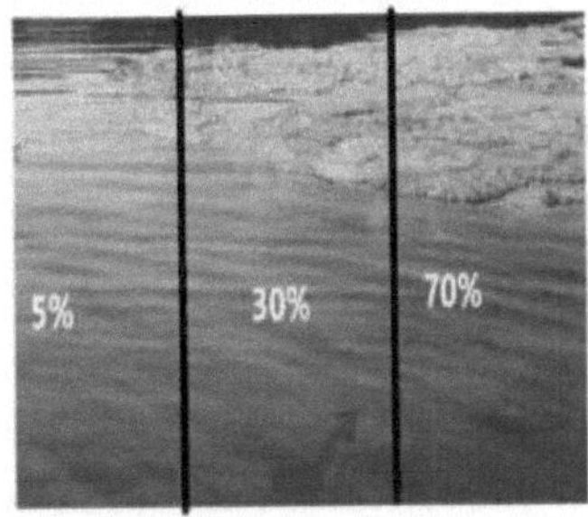

Fig 6.1: a) Navegação automática do skimmer com base no GPS b) Navegação automática do skimmer com base na percentagem de ervas daninhas.

Este algoritmo é aplicado à imagem ROI para determinar a percentagem de ervas daninhas, a fim de permitir a navegação autónoma do skimmer. O algoritmo de deteção de objectos utilizado por este algoritmo de deteção de ervas daninhas forneceu bons resultados para calcular a percentagem de ervas daninhas na região da água.

6.2.1 Algoritmo proposto de deteção de ervas daninhas baseado na segmentação de bordas baseada em cores

A fig. 6.2 apresenta o diagrama de fluxo e a fig. 6.2 ilustra o procedimento passo a passo do algoritmo de deteção de infestantes. A fig. 6.2 mostra as numerosas operações efectuadas nas amostras de entrada para obter o resultado desejado. O sistema de aquisição é utilizado para captar o vídeo, que é depois transformado em fotogramas. Em seguida, são efectuados alguns procedimentos de pré-processamento em cada fotograma para remover o ruído. Para o efeito, é utilizado o filtro Gaussiano. Os fotogramas RGB são depois transformados em HSV e é efectuada uma segmentação baseada no valor da tonalidade para distinguir as ervas daninhas de outros objectos, como a água e outros obstáculos. A largura da imagem é dividida em três metades iguais para cada fotograma e a percentagem de ervas daninhas é determinada em cada porção.

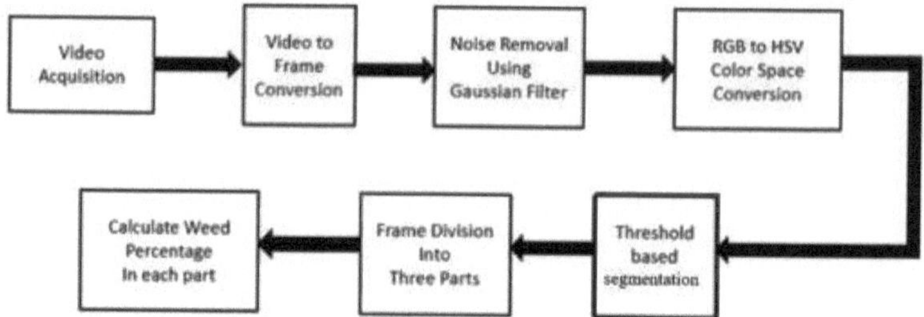

Fig. 6.2: Diagrama de fluxo do algoritmo de deteção de infestantes

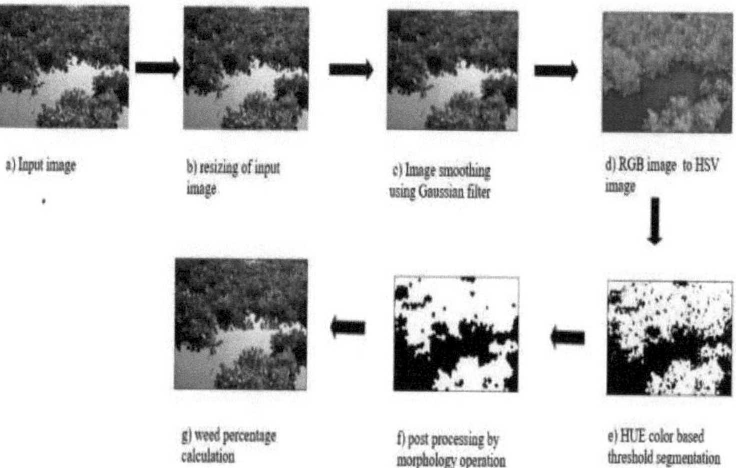

Fig. 6.3: Procedimento passo a passo para o algoritmo de deteção de infestantes

O algoritmo de deteção de ervas daninhas é resumido da seguinte forma,

1. Adquirir vídeo de entrada e convertê-lo em fotogramas RGB

2. Determinar a altura e a largura de um quadro.

3. Suavizar o fotograma utilizando uma máscara de filtro Gaussiano 5*5

4. Converter RGB para espaço de cor HSV.

5. Os valores H, S e V da cor verde situam-se entre os dois limites de [20, 50, 50] a [80,255,255]. Assim, a região de cor verde é segmentada através da limiarização desses pixéis de cor.

6. Efetuar operações morfológicas.

7. Divida a imagem em 3 partes, de acordo com a largura.

8. Calcular a percentagem de cada parte da erva como na equ(6.1)

6.2.2 Arquitetura do sistema de deteção de infestantes proposto

Utilizando o ambiente de software Open CV, a abordagem sugerida é implementada em hardware incorporado. Através da análise de imagens de amostras de ervas aquáticas flutuantes que crescem num lago, a funcionalidade da configuração criada é testada em modo off-line. O dispositivo incorporado inclui um processador, LEDs, um ecrã e um dispositivo de aquisição de vídeo. O sistema é utilizado para avaliar uma imagem de amostra, identificar a partição da imagem com a maior cobertura de ervas daninhas e indicar o resultado através da iluminação do LED adequado. A arquitetura e o diagrama esquemático do sistema de deteção de ervas daninhas proposto são apresentados nas figuras (6.4) e (6.5).

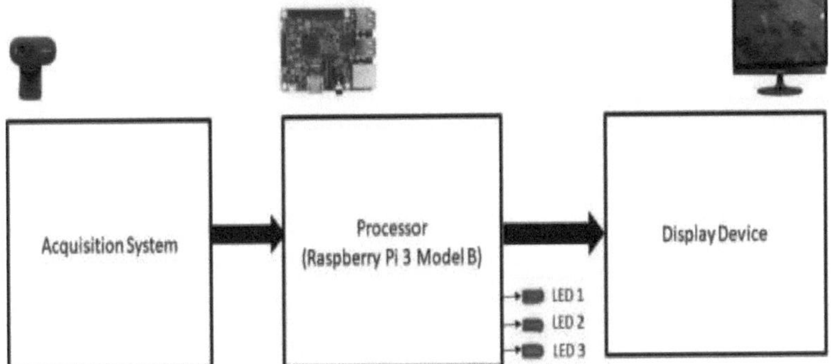

Fig. 6.4: Arquitetura do sistema de deteção de ervas daninhas

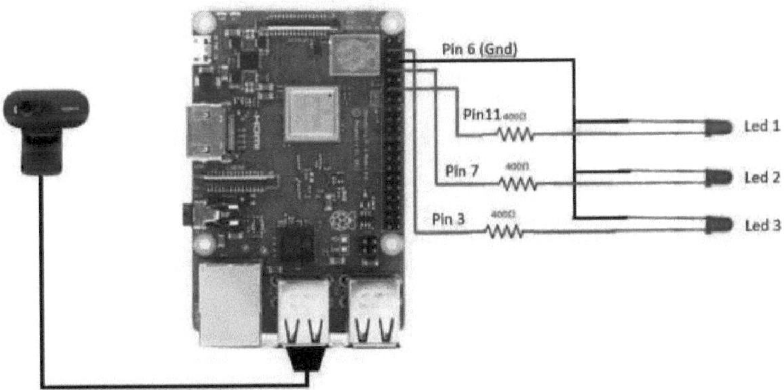

Fig. 6.5: Diagrama esquemático do sistema de deteção de ervas daninhas

O Raspberry Pi-3 Modelo B, um computador de placa única com um processador rápido que é dez vezes mais rápido do que o processador do modelo Raspberry Pi 1. As principais características são 1,2 GHz, CPU ARMv8 quad-core de 64 bits, compatibilidade com o programa Python integrado OpenCV (Open-Source Computer Vision Library)[98][110][114]. As imagens foram captadas utilizando um módulo de webcam Logitech C270 HD de 3 megapixels, que oferece chamadas e gravação de vídeo HD 720p em ecrã panorâmico 16:9, bem como correção automática da luz e captura de vídeo até 1280 x 720 pixels. O campo de visão total (FOV) da câmara é de 60°.

Os três LEDs que indicam a direção em que o skimmer se desloca. Estes estão ligados aos pinos GPIO do processador como LED1-pino 11, LED2-pino7, e LED3-pino3.

6.3 Resultados e discussões

6.3.1 Avaliação experimental

Os algoritmos propostos foram implementados em OPEN CV PYTHON 3.8.0 e utilizam o espaço de cor RGB. As implementações são efectuadas num computador portátil com Intel Core i5, 8th geração, CPU 8250U @ 1.60GHz , 1.80 GHz.

6.3.2 Conjunto de dados

As experiências são realizadas no próprio conjunto de dados, que tem uma resolução de 487x723 pixéis e inclui plantas flutuantes, aves e pequenos barcos.

6.3.3 Anotação da verdade fundamental

A verdade básica da deteção de objectos é feita através do método de segmentação manual. Os objectos na região da água são preenchidos com pixéis de cor branca e a região do fundo é preenchida com pixéis de cor preta.

6.3.4 Métrica de desempenho

Percentagem de ervas daninhas: É calculada para determinar a quantidade de ervas daninhas verdes que flutuam na região da água.

$$\text{Percentagem de infestantes} = \frac{\text{total number of white pixels}}{\text{total number of pixels}} * 100\% \quad \text{------(6.1)}$$

6.3.5 Resultados experimentais

A navegação do skimmer baseia-se frequentemente em locais pré-determinados por GPS. O skimmer desloca-se para o local pré-determinado mesmo que a erva não esteja lá presente, desperdiçando tempo e bateria no processo.

As técnicas baseadas no processamento de imagens resolvem este problema em vez da abordagem GPS. Para detetar ervas daninhas na região da água, é aplicada uma segmentação de limiar baseada na tonalidade da cor verde.

a) Resultados do conjunto de dados Amostra 1:

As imagens de entrada e saída do sistema de deteção de infestantes para a amostra 1 são apresentadas na fig. 6.5. A saída do sistema de deteção de infestantes mostra que o LED 3 acende "ON" (ligado) porque a parte direita do valor percentual da infestante é grande (23,7%) em comparação com as outras duas partes (0%, 0%).

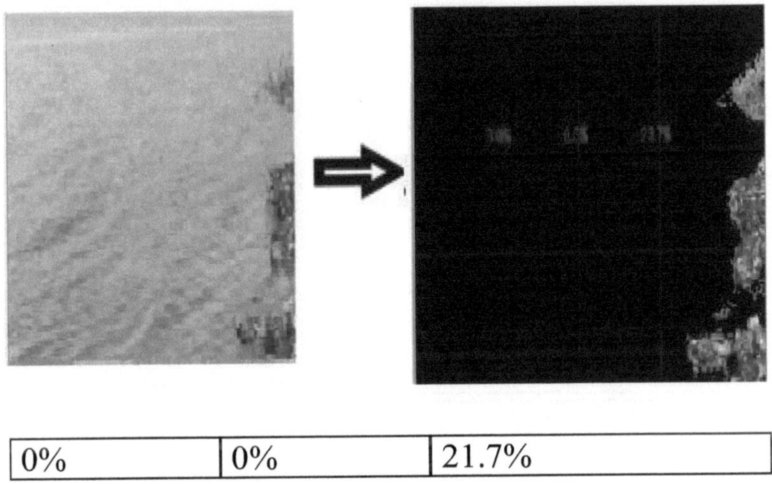

| 0% | 0% | 21.7% |

Fig. 6.6: Imagens de entrada e saída do sistema de deteção de infestantes para a amostra1. A percentagem de ervas daninhas é indicada.

b) Resultados do conjunto de dados Amostra 2:

Este algoritmo não conseguirá segmentar com sucesso as ervas daninhas na água se a cor da água também for verde. Como resultado, temos de efetuar primeiro a deteção de obstáculos na região da água, que separa a água dos objectos flutuantes. A erva daninha é descoberta utilizando um algoritmo de deteção de erva daninha após a segmentação dos objectos na água.

O algoritmo de deteção de objectos MPSA é aplicado em primeiro lugar à imagem de água de cor verde. Este algoritmo segmenta a água com precisão e detecta objectos, pelo que a erva daninha é detectada com precisão. O conjunto de dados Sample 2 & 3 tem água e ervas daninhas da mesma cor. As imagens de entrada e de saída são apresentadas nas figuras 6.6 e 6.7.

O algoritmo de deteção de ervas daninhas, por si só, não é eficaz. Quando a água é segmentada utilizando o algoritmo de deteção de obstáculos proposto, o algoritmo de deteção de ervas daninhas detecta-as com precisão. A tabela 6.1 mostra os resultados da percentagem de infestantes das amostras 2 e 3.

Fig. 6.7a: Imagem de entrada do sistema de deteção de infestantes para a amostra2.

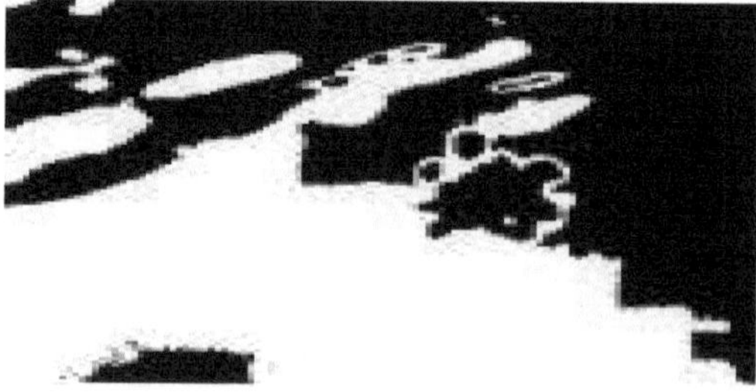

Fig. 6.7b: Imagem binária do sistema de deteção de ervas daninhas sem o algoritmo de deteção de objectos MPSA para a amostra2.

66.32%	61.07%	25.03%

Fig. 6.7c: Imagem de saída do sistema de deteção de ervas daninhas sem o algoritmo de deteção de objectos MPSA para a amostra2 (a percentagem de ervas daninhas é incluída separadamente)

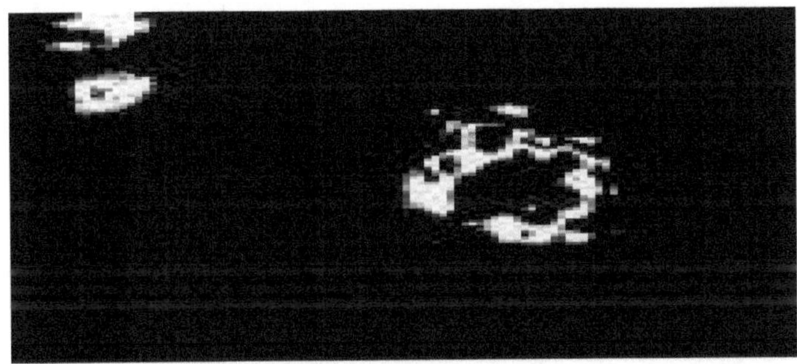

Fig. 6.7d: Imagem binária do sistema de deteção de ervas daninhas produzida com o algoritmo de deteção de objectos MPSA para a amostra2.

111

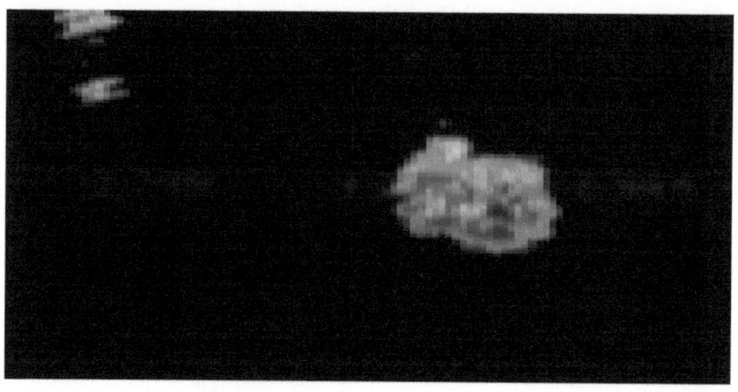

2.19%	3.23%	0.94%

Fig 6.7e: imagem de saída do sistema de deteção de infestantes com o algoritmo de deteção de objectos MPSA para a amostra2 (a percentagem de infestantes é incluída separadamente)

c) Resultados da amostra 3 do conjunto de dados:

Fig. 6.8a: Imagem de entrada do sistema de deteção de infestantes para a amostra3.

| 99.89% | 99.94% | 99.89% |

Fig 6.8b: Imagem de saída do sistema de deteção de ervas daninhas sem o algoritmo de deteção de objectos MPSA para a amostra3. (a percentagem de ervas daninhas é incluída separadamente)

| 64.86% | 91.06% | 97.44% |

Fig. 6.8c: Imagem de saída do sistema de deteção de ervas daninhas com o algoritmo de deteção de objectos MPSA para a amostra3. (a percentagem de ervas daninhas é incluída separadamente)

Tabela 6.1: Comparação da percentagem de infestantes para duas amostras de conjuntos de dados

Imagens de amostra	percentagem de ervas daninhas sem utilizar o algoritmo de deteção de obstáculos proposto			percentagem de ervas daninhas com o algoritmo de deteção de obstáculos proposto		
	Esquerda	Direto	Certo	Esquerda	Direto	Certo
Amostra 2	60.32%	61.07%	25.03%	2.19%	3.23%	0.94%
Amostra 3	99.89%	99.94%	99.89%	64.86%	91.06%	97.44%

6.4 Resumo

Os fotogramas de vídeo individuais são analisados para detetar a presença de ervas daninhas aquáticas e determinar a sua extensão de cobertura nas partes esquerda, média e direita do fotograma com base na sua cor verde. Como resultado, dependendo da parte da imagem que tem mais cobertura de ervas daninhas, o veículo é direcionado para a esquerda, para a direita ou para a direita. O procedimento é repetido após a recolha das ervas daninhas detectadas. Quando comparado com o padrão convencional de navegação em grelha, o método proposto pode reduzir significativamente o percurso de viagem do veículo para a recolha de ervas daninhas num lago com ervas daninhas pouco distribuídas.

Uma vez que o método proposto detecta as ervas daninhas com base na sua cor verde, não tem um bom desempenho em massas de água com água de cor esverdeada devido à semelhança de cores. Este problema pode ser resolvido removendo a água através de técnicas de segmentação de margens. Outra questão é que existe alguma incerteza quando a imagem de amostra inclui terra ou céu para além da massa de água. Por conseguinte, antes de aplicar a amostra ao algoritmo, é necessário remover a terra e o céu utilizando a deteção de linhas de costa.

CAPÍTULO 7
CONCLUSÕES E ÂMBITO FUTURO

7.1 Conclusões

O controlo da infestação de ervas aquáticas invasoras nas massas de água interiores exige uma inspeção visual periódica da superfície da água e a remoção física das ervas aquáticas invasoras flutuantes.

A presente tese propôs um escumador de lixo baseado na visão, equipado com uma câmara frontal, para o rastreio sistemático da superfície da água e para a recolha e remoção de ervas daninhas aquáticas flutuantes.

Nas massas de água interiores complexas, são descritos métodos de análise de imagem novos, precisos e eficientes para a deteção da linha do horizonte, que separa a região da água das regiões de terra ou do céu, e para a deteção de ervas daninhas flutuantes na região da água, adequadas para escumadeiras de lixo de baixo custo.

O método de deteção da linha do horizonte descrito detecta a linha do horizonte com precisão, com um erro de desvio da linha reduzido de cerca de 1 a 2 pixéis e com um tempo de processamento reduzido de cerca de 0,15s a 0,2s de variação. Este método eficaz de deteção da linha do horizonte é aplicado para detetar com precisão a linha costeira e a região aquática resultante da ROI.

O método de deteção de objectos baseado no gradiente de intensidade descrito detecta objectos flutuantes, localizados na região da água, com bordos suaves e finos, com baixo tempo de processamento e elevada precisão (perto de 99,5%) para diferentes imagens de conjuntos de dados.

O método de deteção de objectos baseado na cor descrito detecta objectos flutuantes de cor verde com menos tempo de processamento e elevada precisão.

7.2 Âmbito futuro

A presente tese oferece margem suficiente para futuros trabalhos de investigação, como se indica a seguir.

O modelo experimental de escumadeira de lixo com controlo remoto pode ser melhorado para se adaptar às necessidades práticas. O método de deteção da linha do horizonte utiliza o número de clusters em função do conteúdo da imagem, como 2 para água-céu e 3 para água-terra-céu, e utiliza um pixel localizado a meio da linha inferior como ponto de partida para o crescimento da região. O método pode ser melhorado através da seleção automática do número de clusters e do ponto de semente.

Este método de deteção de objectos pode ser melhorado para utilização em ambientes com pouca luz, alterações na iluminação ambiente e também reflexos do sol na água.

Depois de detetar os objectos flutuantes na região da água, a classificação dos objectos flutuantes (colectáveis e não colectáveis) em categorias conhecidas, tais como ervas daninhas e objectos estacionários, será útil para o escumador de lixo baseado na visão para identificar os objectos desejados.

Consequentemente, o algoritmo proposto, bem como o algoritmo de classificação eficiente, devem ser optimizados para melhorar a precisão da deteção de infestantes.

REFERÊNCIAS

[1]   Sushilkumar, "Aquatic weeds problems and management in India", Indian Journal of Weed Science, 43 (3&4) , 118-138, 2011.

[2]   Rao, Adusumilli Narayana e Bhagirath Singh Chauhan, "Weeds and Weed Management in India - A Review." (2015) Ciência das ervas daninhas na região da Ásia-Pacífico, capítulo 4, 87-118.

[3]   Durborow, Robert M., et al. "Controlo de ervas daninhas aquáticas em lagos". Programa de Aquacultura da Universidade Estadual do Kentucky, um Programa de Concessão de Terras da KSU 21 (2007).

[4]   Gupta OP. 1987. "Aquatic weed management : a text book and manual" Today and Tomorrow's Printers and Publishers, New Delhi .

[5]   Sathyanathan, Nithya, "Aquatic weed classification, environmental effects and the management technologies for its effective control in Kerala, India", Int J Agric & Biol Eng, 2012; 5(1): 76-91.

[6]   J. L. Shelton e T. R. Murphy. 1989. "Aquatic Weed Management Control Method", Southern Regional Aquaculture Center Publication Number 360.

[7]   L.A. Helfrich et.al, "Control Methods For Aquatic Plants in Ponds and Lakes", 420-251, Virginia Cooperative extension, revisto por Michelle Davis, investigadora associada, Fisheries and Wildlife.

[8]   Bailey, Jacolyn E. e Aram J. K. Calhoun. "Comparação de três técnicas de gestão física para o controlo do mil-folhas variável em lagos do Maine". (2008). Jornal de gestão de plantas aquáticas, 46(2).

[9]   L. A. Helfrich, D. L. Weigmann, P. Hipkins, e B. Stinson. 1996," Pesticides and Aquatic Animals: A Guide to Reducing Impacts on Aquatic Systems", Virginia Cooperative Extension Publication 420-013, Blacksburg, VA

[10]   J. L. Shelton e T. R. Murphy. 1989, "Aquatic Weed Management Control Methods", Southern Regional Aquaculture Center Publication Number 360.

[11]   Andres, Lloyd A. "Integrating weed biological control agents into a pest-management program", Weed Science 30.S1 (1982): 25-30.

[12]   Hirdy Othman et al. , "Projeto de coletor de lixo automatizado", A 8ª Conferência Internacional de Engenharia 2019, Journal of Physics: Conference Series, 1444(2020), 012040,IOP Publishing doi:10.1088/1742-6596/1444/1/012040.

[13]   Rahul Prakash K.V et al., "Automatic Trash Removal System in Water Bodies", Volume 7, Issue No.4, IJESC, 2017.

[14]   Garau A 2017, "Solar-Powered Water Wheel Removes Over 1 Million Pounds Of Trash From Baltimore Waterways" (Roda d'água movida a energia solar remove mais de 1 milhão de libras de lixo dos cursos d'água de Baltimore), http://www.ecowatch.com/baltimore-harbor-mr-trash-2278209503.html.

[15]   Green A 2016, "Drones Are Now Cleaning Up Ocean Trash" (Os drones estão agora a limpar o lixo dos oceanos), https://www.mentalfloss.com/article/86076/drones-are-now-cleaning-ocean-trash.

[16]   China Plus Y G 2018 , "Projeto de recolha de lixo visa um rio Yangtze mais limpo na China Plus".

[17]   2018 Co, L.W.W.M.a.E," Buddy Multi-Purpose Workboat", Disponível em: https://waterwitch.com/en/products/buddy/.

[18]   Unlimited A B 2018 , "AlphaBoats-Model MC Series-Marina Cleaner/Trash Skimmer", disponível em: https://www.environmental-expert.com/products/ alphaboats- model-mc-series-marinacleaner-trash-skimmer-274893.

[19]   Pioneer T 2015," New Technology to clean Ganga during Magh Mela", Nova Deli.

[20]   L. E. Shenman, "UMI comissiona skimmers TrashCat em Hong Kong, Singapura". Mud Cat, 18 de novembro de 2016.

[21]   Thepbamrung N 2013 , "New river fleet helps weeding go with the flow Bangkok Post" [Nova frota fluvial ajuda a mondar ao sabor da corrente].

[22]   Vera-Ruiz E D 2017 , "DENR gives trash-collecting boats to clean Manila Bay in Manila Bulletin".

[23]   Holloway J 2018," Robô fluvial de recolha de lixo pode ser controlado por qualquer pessoa através da webin NEW ATLAS".

[24]   Sinha A 2013 , "Ro-boat: Robô de limpeza de rios em ação no rio Yamuna".

[25]   Zhixiang Liu et. al, "Unmanned surface vehicles: An overview of developments and challenges", Annual Reviews in Control, 41 (2016) 71-93.

[26]   Josip Vasilj et. al, "Conceção, desenvolvimento e teste da plataforma modular de veículos de superfície não tripulados para a deteção de resíduos marinhos", Journal of Multimedia Information System Vol. 4, No. 4, dezembro de 2017 ,pp.195-204, ISSN 2383-7632.

[27]   M.H. A. Majid, M. R. Arshad , "Design of an Autonomous Surface Vehicle (ASV) for Swarming application",IEEE access, 978-1-5090-2442-1/16, 2016 ,230-235.

[28]   Abir Akib et. al, "Unmanned Floating Waste Collecting Robot", 2019 IEEE Region-(TENCON ,978-1-7281-1895-6/19,pp 2645-2650.

[29]   S. Jung et al., "Desenvolvimento de Sistema de Remoção de Algal Bloom Utilizando UAV e Veículo de Superfície", acesso IEEE, 22166-22176, Volume 5, 2017.

[30]   Qureshi, F.Z., Terzopoulos, D, "Surveillance camera scheduling: a virtual vision approach", Multimedia Systems 12, 269-283 (2006). https://doi.org/10.1007/s00530-006-0059-4.

[31]   Jianhua Wang, Pingping Huang, Changfeng Chen, Wei Gu e Jianxin Chu, "Stereovision aided navigation of an Autonomous Surface Vehicle," 2011 3rd International Conference on Advanced Computer Control, 2011, pp. 130-133, doi: 10.1109/ICACC.2011.6016382.

[32]   T. Sadhu, A. B. Albu, M. Hoeberechts, E. Wisernig e B. Wyvill, "Obstacle Detection for Image-Guided Surface Water Navigation," 2016 13th Conference on Computer and Robot Vision (CRV), 2016, pp. 45-52, doi: 10.1109/CRV.2016.34.

[33]   G. Hitz et al., "Autonomous Inland Water Monitoring: Design and Application of a Surface Vessel", in IEEE Robotics & Automation Magazine, vol. 19, no. 1, pp. 62-72, março de 2012, doi: 10.1109/MRA.2011.2181771.

[34]   Chen, J. et al. (2019). "Um sistema de lançamento e recuperação para veículo de superfície não tripulado baseado em suporte flutuante", In: Yu, H., Liu, J., Liu, L., Ju, Z., Liu, Y., Zhou, D. (eds) Robótica Inteligente e Aplicações. ICIRA 2019. Notas de aula em Ciência da Computação (), vol 11741. Springer, Cham. https://doi.org/10.1007/978-3-030-27532-7_19.

[35]   Maharshi Patel ," Robótica autónoma para identificação e gestão de espécies de plantas aquáticas invasoras", Appl. Sci. 2019, 9, 2410; doi:10.3390/app9122410.

[36]   J.E. Manley, "Unmanned surface vehicles, 15 years of development," in OCEANS, 2008,Suppl, pp. 1-4.

[37]   M. Mohamed Idhris, M.Elamparthi, C. Manoj Kumar Dr. N. Nithyavathy, Sr. K. Suganeswaran, Sr. S. Arunkumar "Projeto e fabricação de máquina de limpeza de esgoto controlada remotamente", Jornal Internacional de Tendências e Tecnologia de Engenharia (IJETT), V45 (2), 63-65 de março de 2017. ISSN:2231-5381.

[38] N. Ruangpayoongsak, J. Sumroengrit, e M. Leanglum, "A floating waste scooper robot on water surface," in 2017, 17th International Conference on Control, Automation and Systems, pp. 1543-1548.

[39] J Sumroengrit e N. Ruangpayoongsak, "Deteção económica de resíduos flutuantes para robôs de limpeza de superfícies", MATEC Web Conf., vol. 95, p. 8001, Jan. 2017.

[40 Miroslav Pasler et. al, "Comparison of Possibilities of UAV and Landsat in Observation of Small Inland Water Bodies", 978-1-908320/48/3, 2015 IEEE, International Conference on Information Society (i-Society 2015) .

[41 H. Z. Yuan, X. Q. Zhang e Z. L. Feng, "Horizon detection in foggy aerial image" (Deteção de horizontes em imagens aéreas com nevoeiro), Conferência Internacional sobre Análise de Imagens e Processamento de Sinais, pp. 191-194, 2010.

[42] Santana, Pedro, Ricardo Mendonça, e José Barata. "Deteção de água com reconhecimento de textura dinâmica guiada por segmentação". In 2012 IEEE International Conference on Robotics and Biomimetics (ROBIO), pp. 1836-1841. IEEE, 2012.

[43] Boroujeni, Nasim Sepehri, S. Ali Etemad e Anthony Whitehead. "Deteção robusta de horizonte usando segmentação para aplicações UAV". Em 2012, nona conferência sobre visão computacional e robótica, pp. 346-352. IEEE, 2012.

[44] Wei, Yangjie, e Yuwei Zhang. "Deteção eficaz da linha de água de veículos de superfície não tripulados com base em imagens ópticas". Sensores 16, no. 10 (2016): 1590.

[45] Kim.S, Lee.J, Deteção de pequenos alvos infravermelhos por rejeição de desordem adaptável à região para busca e rastreamento de infravermelhos baseados no mar. Sensores 2014, 14, 13210-13242.

[46] Evgeny Gershikov, Tzvika Libe e Samuel Kosolapov, "Deteção da linha do horizonte em imagens marinhas: Qual o método a escolher? ",

International Journal on Advances in Intelligent Systems, vol 6 no 1 & 2, ano 2013.

[47]   Shen.Y, Rahman.Z, Krusienski.D. & Li.J.A," Vision-Based Automatic Safe Landing-Site Detection System", IEEE Transactions on Aerospace and Electronic Systems 49, 294-311. ISSN: 1557-9603.

[48]   Shen, Yu-Fen & Krusienski, Dean & Li, Jiang & Rahman, Zia-ur. (2012), "A Hierarchical Horizon Detection Algorithm",IEEE Geoscience and Remote Sensing Letters. 10. 111-114. 10.1109/LGRS.2012.2194473.

[49]   Wan.L,Zeng,W.J.Qin, Z.B.Huang, S.L," Real-time detection of sea surface targets", J. Shanghai Jiaotong Univ. 2012, 46, 1421-1427.

[50]   Dong, Y.F.; Zhang, Y.F.; Zhu, C.; Wang, A.B.," Extracting sea-sky-line based on improved local complexity", In Proceedings of the 2010 International Conference on Computer Mechatronics, Control and Electronic Engineering, New York, NY, USA, 24-26 August 2010.

[51]   Lan.J.H, Jia.Z.L, Wu. C.H.; Yang.J, "Sea-land-line extraction using weighted optimum neighbourhood algorithm", Proc. SPIE 2013. [CrossRef])

[52]   Tang.D,Sun.G,Wang.D.H, Niu. Z.D, Chen, Z.P," Research on infrared ship detection method in sea-sky background", Proc. SPIE 2013. [CrossRef])

[53]   Rahul, W.; Raymond, J. "Horizon detection from pseudo spectra images of water scenes", In Proceedings of the 2010 IEEE Conference on Cybernetics and Intelligent Systems, Singapura, 28-30 de junho de 2010.

[54]   Mettes, Pascal, Robby T. Tan, e Remco C. Veltkamp. "Deteção de água por meio de descritores invariantes espaço-temporais". Visão computacional e compreensão de imagens 154 (2017): 182-191.

[55]   Hozyn, Stanisław, e Jacek Zalewski. "Deteção de linha costeira e segmentação de terreno para navegação autônoma de veículos de

superfície com o uso de um sistema ótico." Sensores 20, não. 10 (2020): 2799.

[56] Sun.Y.Fu.L " Coarse-Fine-Stitched: Um método robusto de deteção da linha do horizonte marítimo para aplicações de veículos de superfície não tripulados", Sensors 2018, 18, 2825.

[57] Praczyk. T , "Um algoritmo rápido para a deteção de linhas de horizonte em imagens marinhas.",J. Mar. Sci. Technol. 2018, 23, 164-177.

[58] Zhan.W,Xiao.C, Yuan. H ,Wen.Y , "Effective Waterline detection for unmanned surface vehicles in in inland water", In Proceedings of the 7th International Conference on Image Processing Theory, Tools and Applications, IPTA 2017, Montreal, QC, Canada, 28 November-1 December 2017; IEEE: Piscataway, NJ, USA, 2018; Volume 2018, pp. 1-6.

[59] Wang.B, Su.Y, Wan.L," A sea-sky line detection method for unmanned surface vehicles based on gradient saliency", Sensors 2016, 16, 543.

[60] Dai, Y.; Liu, B.; Li, L.; Jin, J.; Sun, W.; Shao," F. Deteção de linhas do céu do mar com base na segmentação local de Otsu e na transformada de Hough.",Guangdian Gongcheng/Opto-Electron. Eng. 2018, 45, 180039.

[61] You.X, Li.W, "Um esquema de segmentação mar-terra baseado no modelo estatístico do mar". Em Actas do 4º Congresso Internacional de Processamento de Imagem e Sinal, CISP 2011, Xangai, China, 15-17 de outubro de 2011; Volume 3, pp. 1155-1159.Sensors 2020, 20, 279922 de 22

[62] Liu.G, Chen.E,Qi.L, Tie.Y,Liu.D. "A sea-land segmentation algorithm based on sea surface analysis.", In Lecture Notes in Computer Science (Including Subseries Lecture Notes in Artificial Intelligence and Lecture Notes in Bioinformatics); Springer: Cham, Suíça, 2016; Volume 9916, pp. 479-486. 14.

[63]   Zhang.L, Zhang.Y, Zhang.Z, Shen.J, Wang.H, "Deteção de objetos de superfície de água em tempo real com base em R-CNN mais rápido e aprimorado". Sensores 2019, 19, 3523.

[64]   Shin. B.S, Mou.X, Mou.W, Wang. H, "Vision-based navigation of an unmanned surface vehicle with object detection and tracking abilities.", Mach. Vis. Appl. 2018, 29, 95-112.

[65]   Praczyk.T, "Deteção de terrenos em imagens marinhas". Int. J. Comput. Intell. Syst. 2018, 12, 273.

[66]   Prasad.D.K,Rajan.D, Prasath.C.K, Rachmawati.L,Rajabally. E, Quek.C," MSCM-LiFe: Multi-scale cross modal linear feature for horizon detection in maritime images.", In Proceedings of the 2016 IEEE Region 10 Conference (TENCON), Singapore, 22-25 November 2016; IEEE: Piscataway, NJ, USA, 2016; pp. 1366-1370

[67]   Kristan, Matej, Vildana Sulic Kenk, Stanislav Kovacic e Janez Pers, "Deteção rápida de obstáculos baseada em imagens de veículos de superfície não tripulados". ,IEEE transactions on cybernetics 46, no. 3 (2015): 641-654.

[68]   Zou et al. "Um novo método de deteção de linha de costa de água para navegação autônoma USV." Sensores 20, no. 6 (2020): 1682.

[69]   Hitz.G,Pomerlesau.F, Colas.F, "State estimation for shore monitoring using an autonomous surface vessel. ",Exp. Robot. 2016, 109, 745-760.

[70]   Huang et al, "Deep Visual Waterline Detection within Inland Marine Environment." arXiv preprint arXiv:1911.10498 (2019).

[71]   Bloisi D, Iocchi L, Fiorini M, et al., "Automatic maritime surveillance with visual target detection" , In: Proceedings of the international defense and homeland security simulation workshop, Roma, 12-14 de setembro de 2011, pp.141-145. http://www.dis.uniroma1.it/bloisi/papers/bloisi-maritime surveillance.pdf

[72]   Zhang H, Yin P, Zhang X, et al., "A robust adaptive horizon recognizing algorithm based on projection",T I Meas Control 2011; 33(6): 734-751.

[73] Wei H, Nguyen H, Ramu P, et al. , "Automated intelligent video surveillance system for ships", Proc SPIE 2009; 7306: 7306-7312.

[74] Alpatov BA, Babayan PV e Shubin NY. "Transformada de rádon ponderada para deteção de linhas em imagens com ruído", J Electron Imaging 2015; 24(2): 023023

[75] Gershikov E, Libe T e Kosolapov S. , "Horizon line detection in marine images: which method to choose? ", Int J Adv Int Sys 2013; 6(1 e 2): 79-88.

[76] Bouma H, de Lange DJJ, van den Broek SP, et al. "Automatic detection of small surface targets with electrooptical sensors in a harbor environment", ProcSPIE 2008; 7114: 7114-7118.

[77] Ettinger SM, Nechyba MC, Ifju PG, et al., "Vision-guided flight stability and control for micro air vehicles", In: Conferência internacional IEEE/RSJ sobre robôs e sistemas inteligentes, Lausana, 30 de setembro-4 de outubro de 2002, pp.2134-2140. DOI: 10.1109/IRDS.2002.1041582.

[78] Fefilatyev S, Goldgof D, Shreve M, et al., "Detection and tracking of ships in open sea with rapidly moving buoy mounted camera system", Ocean Eng 2012; 54(Suppl. C): 1-12.

[79] Bhattacharyya A.," On a measure of divergence between two multinomial populations", Sankhya 1946; 7(4): 401-406.

[80] Lipschutz I, Gershikov E e Milgrom B., "New methods for horizon line detection in infrared and visible sea images", Ocean Eng 2013; 3(8): 226-233.

[81] Chi Yoon Jeong, Hyun S Yang e Kyeong Deok Moon, "Fast horizon detection in maritime images using region-of-interest", International Journal of Distributed Sensor Networks,2018, Vol. 14(7), DOI: 10.1177/1550147718790753

[82] Sibel Canaz, Fevzi Karsli, Abdulaziz Guneroglu, Mustafa Dihkan, "Automatic boundary extraction of inland water bodies using LiDAR data", Ocean & Coastal Management.(2015) 1-9.

[83]   Zhan, W.J.; Xiao, C.S.; Wen, Y.Q. , "Perceção visual autónoma para a navegação de veículos de superfície não tripulados num ambiente desconhecido", Sensors 2019, 19, 2216.

[84]   Halterman R, Bruch M. Velodyne , "HDL-64E lidar for unmanned surface vehicle obstacle detection". In: Proceedings of SPIE; 2010.

[85]   Sorbara A, Zereik E, Bibuli M, Bruzzone G, Caccia M," Sensor optrónico de deteção de obstáculos de baixo custo para veículos de superfície não tripulados". In: Simpósio de Aplicações de Sensores do IEEE; 2015. p. 1-6.

[86]   Almeida C, Franco T, Ferreira H, Martins A, Santos R, Almeida JM, et al," Radar based collision detection developments on USV ROAZ II.", In: OCEANS-Europe. IEEE; 2009. p. 1-6.

[87]   Neves R, Matos AC.," Visão estéreo baseada em Raspberry PI para ASVs de pequena dimensão. In: OCEANS-San Diego.", IEEE; 2013. p. 1-6.

[88]   Wang H, Wei Z, Wang S, Ow CS, Ho KT, Feng B. , "A vision-based obstacle detection system for Unmanned Surface Vehicle.", In: IEEE International Conference on Robotics, Automation and Mechatronics; 2011. p. 364-69.

[89]   Wang H, Wei Z.," Stereovision based obstacle detection system for unmanned surface vehicle.", In: IEEE International Conference on Robotics and Biomimetics; 2013. p. 917-921.

[90]   Steccanella, L., D. D. Bloisi, A. Castellini, e A. Farinelli. "Deteção de linhas de água e obstáculos em imagens de barcos autónomos de baixo custo para monitorização ambiental". Robótica e Sistemas Autónomos 124 (2020): 103346.

[91]   Lili Zhang, Yi Zhang, Zhen Zhang, Jie Shen e Huibin Wang, "Deteção de objetos na superfície da água em tempo real com base em R-CNN mais rápido e aprimorado", Sensores 2019, 19, 3523; doi: 10.3390 / s19163523.

[92] Hanguen Kim et.al, "Vision Based Real-Time Obstacle Segmentation Algorithm for Autonomous Surface Vehicle", VOLUME 7, Digital Object Identifier 10.1109/ACCESS.2019.2959312, acesso IEEE, 179420-179428.

[93] Igor Klein et. al, "Detection of inland water bodies with high temporal resolution - assessing dynamic threshold approaches", 978-1-5090-3332-4/16, IEEE, IGARSS 2016.

[94] Wang, L.; Wu, Q.; Liu, J.; Li, S.; Negenborn, R. State-of-the-Art Research on Motion Control of Maritime Autonomous Surface Ships. J. Mar. Sci. Eng. 2019, 7, 438.

[95] Zhan et al. "Perceção visual autónoma para navegação de veículos de superfície não tripulados num ambiente desconhecido". Sensores 19, no. 10 (2019): 2216.

[96] Oren G. In: Schlaefer A, Blaurock O, editores. Deteção automática de obstáculos para a navegação de USV utilizando sensores de visão", Berlim, Heidelberg: Springer Berlin Heidelberg; 2011. p. 127-140.

[97] Guo Y, Romero M, Ieng SH, Plumet F, Benosman R, Gas B," Reactive path planning for autonomous sailboat using an omni-directional camera for obstacle detection.", In: IEEE International Conference on Mechatronics; 2011. p. 445-450.

[98] Mustaffa, Izadora Binti, e Syawal Fikri Bin Mohd Khairul. "Identificação do tamanho e maturidade da fruta através de imagens de frutas usando opencv-python e rasberry pi". 2017 Conferência Internacional de Robótica, Automação e Ciências (ICORAS). IEEE, 2017.

[99] Paccaud P, Barry DA," Obstacle detection for lake-deployed autonomous surface vehicles using RGB imagery", PLoS ONE 13(10): e0205319,October 22, 2018.

[100] S. Pal, "How 3 Startups Are Using Innovative Methods to Clean River Ganga", The Better India, 12 de janeiro de 2017 [Em linha], Disponível: https://www.thebetterindia.com/81881/clean-ganga-innovative technology-startup/.Acedido: 13-ago-2019].

[101
]
A. S. A. Kader, M. K. M. Saleh, M. R. Jalal, O. O. Sulaiman, andW. N. W. Shamsuri, "Design of Rubbish Collecting System for Inland Waterways," J. Transp. Syst. Eng., vol. 2, no. 2, pp. 1-13, 2015.

[102
]
Barrett, Steven F. "Microcontrolador Arduino: processamento para todos! parte II". Synthesis Lectures on Digital Circuits & Systems 5.1 (2010): 1-244.

[103
]
Badamasi, Yusuf Abdullahi. "O princípio de funcionamento de um Arduino". 2014 11ª conferência internacional sobre eletrónica, informática e computação (ICECCO). IEEE, 2014.

[104
]
Barrett, Steven F. "Microcontrolador Arduino: Processamento para todos!". Synthesis Lectures on Digital Circuits and Systems 7.2 (2012): 1-371.

[105
]
Puad, Mohd Hazwan e Wan Nur Hamimah, Wan Hanipa," Conceção e desenvolvimento de um drone Arduino: Reka Bentuk dan Pembangunan Dron Arduino. ",Fakulti Pengajian Pendidikan Universiti Putra Malaysia, 2021.

[106
]
Nasrullah, Hamid, Asni Tafrikhatin, e Yusuf Hidayat. "O sistema de partida do motor para motocicletas de três rodas usando bluetooth baseado no Arduino Uno." INVOTEK: Jurnal Inovasi Vokasional Dan Teknologi 21.1 (2021): 27-36

[107
]
Mordvintsev, Alexander, e K. Abid. "Documentação dos tutoriais do Opencv-python". Obtido de https://media. Joshi, Prateek. OpenCV with Python by example. Packt Publishing Ltd, 2015.

readthedocs.org/pdf/opencv-python-tutroals/latest/opencv-python-tutroals.pdf (2014).

[108
]
Joshi, Prateek, "OpenCV with Python by example.",Packt Publishing Ltd, 2015.

[109
]
N. Goyette, P. Jodoin, F. Porikli, J. Konrad e P. Ishwar, "Changedetection.net: A new change detection benchmark dataset", 2012 IEEE Computer Society Conference on Computer Vision and Pattern

Recognition Workshops, 2012, pp. 1-8, doi: 10.1109/CVPRW.2012.6238919.

[110] Pajankar, Ashwin, "Raspberry Pi Computer Vision Programming: Conceber e implementar aplicações de visão computacional com Raspberry Pi, OpenCV e Python 3". Packt Publishing Ltd, 2020.

[111] Bashir, Faisal, e Fatih Porikli. "Avaliação do desempenho dos sistemas de deteção e seguimento de objectos". Actas do 9º Workshop Internacional do IEEE sobre PETS. 2006.

[112] Padilla, S. L. Netto e E. A. B. da Silva, "A Survey on Performance Metrics for Object-Detection Algorithms," 2020 International Conference on Systems, Signals and Image Processing (IWSSIP), 2020, pp. 237-242, doi: 10.1109/IWSSIP48289.2020.9145130

[113] Lazarevic-McManus, Neda, et al. "An object-based comparative methodology for motion detection based on the F-Measure." Computer Vision and Image Understanding 111.1 (2008): 74-85.

[114] Sahani, Mrutyunjaya, e Mihir Narayan Mohanty. "Realização de diferentes algoritmos usando raspberry Pi para aplicação de processamento de imagem em tempo real." Computação Inteligente, Comunicação e Dispositivos. Springer, Nova Deli, 2015. 473-479.

LISTA DE PUBLICAÇÕES

Contribuições dos autores

[1]. Documento de investigação 1: "Deteção eficiente da linha do horizonte utilizando o método de agrupamento e de marcha rápida", International Journal of Innovative Technology and Exploring Engineering (IJITEE) ISSN: 2278-3075, Volume-9 Issue-4, fevereiro de 2020.

[2]. Documento de investigação 2: "Automatic Navigation of USV for Floating Aquatic Weed Removal in Lake", Actas da Conferência Internacional sobre Visão por Computador, Computação de Alto Desempenho, Dispositivos e Redes Inteligentes (CHSN-2020), JNTUK, 28 a 29 de dezembro de 2020, ISBN: 978-93-87418-48-6, pg no:33.

[3]. Artigo de investigação 3: "Navegação automática de USV para remoção de ervas daninhas aquáticas flutuantes no lago", Avanços e aplicações em ciências matemáticas, Volume 20, Edição 12, 2021, Páginas 3205-3218, Publicações Mili

[4]. Documento de investigação 4: "Deteção eficiente de objectos com base em imagens para a recolha de ervas daninhas flutuantes com veículos flutuantes não tripulados de baixo custo", Soft Computing (2021) 25: 13093-13101,doi.org/10.1007/s00500-021-06171-9.

[5]. Research Paper 5: "Remote controlled surface vehicle for removal of floating water plants from inland water bodies", Proceedings of International Conference on Innovations in Electronics, Electrical & Communication Technologies (ICIEECT-21),ISBN:978-93-5473-424-3, 12th and 13th November 2021,Pg no:492-498.

yes

I want morebooks!

Buy your books fast and straightforward online - at one of world's fastest growing online book stores! Environmentally sound due to Print-on-Demand technologies.

Buy your books online at
www.morebooks.shop

Compre os seus livros mais rápido e diretamente na internet, em uma das livrarias on-line com o maior crescimento no mundo! Produção que protege o meio ambiente através das tecnologias de impressão sob demanda.

Compre os seus livros on-line em
www.morebooks.shop

Printed by Books on Demand GmbH, Norderstedt / Germany